Uma Introdução Matemática a Blockchains

Augusto Teixeira

Uma Introdução Matemática a Blockchains

INSTITUTO DE MATEMÁTICA PURA E APLICADA

Uma Introdução Matemática a Blockchains

ISBN 978-85-244-0473-3
MSC (2010) Primary: 94A60, Secondary: 11T71

Coordenação Geral Nancy Garcia

Produção Books in Bytes **Capa** Sergio Vaz

Realização da Editora do IMPA
IMPA
Estrada Dona Castorina, 110
Jardim Botânico
22460-320 Rio de Janeiro RJ

Telefones: (21) 2529-5005
2529-5276
www.impa.br
editora@impa.br

T266i Teixeira, Augusto
Uma Introdução Matemática a Blockchains / Augusto Teixeira. -
1.ed. -- Rio de Janeiro: IMPA, junho de 2019.
ISBN 978-85-244-0473-3
1. Blockchains. 2. Criptografia. I. Título. II. Série.
CDD: 519.7 CDU: 519.6

Sumário

1 Introdução

Nessas notas discutiremos um novo algoritmo de computação distribuída, chamado blockchain. O objetivo desse protocolo é obter consenso entre diversos participantes, mesmo sobre condições muito adversas, como atrasos e erros de comunicação. Mas o mais impressionante é que esse protocolo é resistente a ataques à rede.

Esse algoritmo foi primeiramente desenvolvido com uma aplicação financeira em mente, dando origem à moeda virtual Bitcoin. Também nessas notas construiremos um exemplo muito simples de uma moeda criptográfica a fim de descrever o algoritmo de maneira mais concreta.

Porém apesar de Bitcoin se tratar de um protocolo específico pra transações financeiras, a grande novidade que trouxe esse protocolo foi o algoritmo denominado blockchain que mantém o consenso necessário para a manutenção da moeda. Esse algoritmo tem diversas outras aplicações potenciais em ramos como: indústria, transportes, seguros, conectividade, setor público, entre outras.

Além disso, esse é um tema de pesquisa ainda muito recente com diversas questões interessantes em aberto, em uma área do conhecimento que mistura: criptografia, economia matemática e probabilidade. Muitos pesquisadores da área tem chamado esse novo campo de *cripto-economia.*

1.1 Contexto financeiro

Como o primeiro contexto de aplicação do algoritmo de blockchain foi a criação de uma moeda virtual, iremos utilizá-lo também aqui durante a exposição do assunto. Mas antes de mergulharmos nos aspectos técnicos do protocolo, vamos discorrer um pouco sobre sistemas financeiros para entendermos como uma moeda virtual decentralizada poderia ou não contribuir para o seu funcionamento.

Obviamente devemos manter em mente que macro economia é um assunto extremamente complexo e a discussão abaixo é demasiadamente curta e informal. Contudo, essa será uma discussão importante posteriormente, pois ao introduzirmos o protocolo em detalhes, é muito importante lembrar o contexto em que este será aplicada para melhor compreender as razões de cada decisão técnica que tomamos.

É muitas vezes tentadora a ideia de vivermos em uma sociedade de escambo, onde cada bem possui um valor apenas quando comparado a outro e no exato contexto onde a troca será efetuada. Contudo, não é difícil ver que esse método trás diversos problemas, principalmente provenientes da falta de liquidez de determinados bens. Para exemplificar essa dificuldade, imagine como um barbeiro poderia obter serviços de uma dentista sem que se torne necessária a intermediação por um terceiro.

A introdução de uma moeda na sociedade tem vários papéis. Por exemplo, a moeda unifica os valores, tornando possíveis negociações entre quaisquer agentes produtivos. Além disso, a moeda se torna uma forma líquida de acumulação de riquesas. Uma outra vantagem da precificação dos bens é que ela nos ajuda a definir e resolver problemas de otimização nos setores produtivo e de consumo, tornando a sociedade mais eficiente na alocação de recursos.

Mas mesmo depois que aceitamos a necessidade de introduzirmos um valor de referência pra unificar as transações e aumentar a liquidez dos bens na sociedade, diversos problemas surgem ao tentar implementar um tal sistema na prática. Uma pergunta muito natural nesse contexto é o que imprime valor ao papel moeda? Por qual razão aceitamos trocar um bem útil como um saco de milho por algumas cédulas com desenhos de tartarugas?

A resposta pra essa pergunta também é bastante complexa, mas podemos dizer que um dos pontos chave pra respondê-la é a existência de acordos sociais, políticos ou jurídicos que regem cada sistema financeiro. Por exemplo no caso do papel moeda, o governo força que estabelecimentos comerciais o aceitem. Na maior parte dos casos, os governos criam o seu próprio papel moeda e estabelecem um monopólio deste no seu território.

Já no caso do ouro por exemplo a resposta para sua valorização é completamente diferente. Primeiramente, o ouro possui um valor próprio, dada sua utilidade na indústria. Porém muitos acreditam que o alto valor do ouro não se justifica pela sua utilidade apenas, mas também pela sua aceitação internacional como forma de acumular riquesas. Dito de maneira grosseira, o ouro vale muito porque ele é escasso e as pessoas acreditam que ele valha muito. Esse é um argumento um tanto cíclico, mas vale lembrar que o valor excessivo do ouro tem se mantido estável durante milênios.

1.1.1 Propriedades desejáveis de um sistema financeiro

Existem diversas formas de se precificar bens ou de se acumular riquesas na sociedade, usando por exemplo: Dólares Americanos, Reais, ouro, prata... Vamos brevemente tentar entender as propriedades básicas que gostaríamos que tais sistemas tivessem, de forma a entender em que uma moeda virtual descentralizada poderia contribuir.

Vamos considerar pra fins de comparação apenas três formas de lidarmos com valores financeiros: o papel moeda, o ouro e o sistema bancário. A princípio, tudo o que gostaríamos desses sistemas é que eles nos permitissem guardar e trasnferir valores. Mas à medida que pensamos mais sobre o tema, percebemos que existe uma série de outros requisitos desejáveis, como por exemplo os requisitos que listamos abaixo:

- segurança - o quão fácil é garantir a propriedade privada daquele valor?
- escassez - cada usuário tem uma ideia da quantidade disponível da moeda e pode tomar decisões baseadas nisso.
- decentralização - existe uma entidade central que controla o sistema?
- internacionalização - se é possível ou conveniente transferir valores entre diferentes jurisdições.
- liquidez - a aceitação desse sistema por uma grande quantidade pessoas, refletindo na facilidade de converter um valor financeiro por qualquer outro bem.
- liberdade - a certeza de que transações não serão censuradas por terceiros.
- anonimidade - a capacidade do portador de fazer transação sem revelar informações sobre sua identidade.

O papel moeda é bastante antigo e bem sucedido e de fato atende a diversos dos quesitos mencionados acima. A segurança do papel moeda pode parecer algo difícil de se garantir, pois exige um policiamento constante da sociedade. Porém esse policiamento já é necessário para garantir a propriedade privada de outros bens, afinal de contas a mesma polícia que garante que batatas não serão roubadas, também garante a segurança das cédulas. Por outro lado, vale lembrar que à medida que aumentamos as quantias de papel moeda em circulação, temos que aumentar também o policiamento.

O papel moeda também é conhecido pela sua enorme liquidez, que é inclusive garantida por lei na maioria dos países.

Um outro ponto forte do papel moeda é a anonimidade. Ao contrário de cartões bancários, as compras e vendas que fazemos com dinheiro vivo não são registradas nem mesmo associadas à nossa identidade.

Finalmente, a simplicidade e antiguidade do papel moeda ajuda que seus usuários o manuseiem de maneira corrreta. Todas as pessoas possuem uma noção intuitiva de como garantir a segurança do seu próprio dinheiro, ou por exemplo de como conservá-lo. Como veremos isso não é tão óbvio para outros sistemas financeiros.

Como aspectos negativos do papel moeda, destacamos a nacionalidade atrelada a estes, que claramente dificulta sua internacionalização. Além disso, esse controle central que cada país exerce sobre o seu papel moeda também trás outros efeitos negativos, como por exemplo a facilidade de se emitir uma quantidade ilimitada de papel moeda, desvalorizando aqueles que estão em circulação.

O ouro se assemelha ao papel moeda em diversos aspectos, porém com uma liquidez bem menor, pelo menos no âmbito nacional. Porém, uma grande vantagem que muitas vezes é apontada com relação ao ouro é sua escasses garantida por ninguém menos que a própria natureza.

Já o sistema bancário é bem mais recente e trás vantagens sobre os dois outros modelos, tais como uma maior internacionalização, conveniência e diversas formas de segurança. Obviamente, esse sistema é submetido ao poder centralizador do estado, que adquire junto aos bancos novas capacidades, como a de rastrear e bloquear valores de indivíduos ou grupos.

1.2 Bitcoin

Foi em 2009, no conxto da crise imobiliária americana, seguida de um grande aporte financeiro feito pelo governo dos Estados Unidos pra recuperação de diversos bancos, que foi lançada a moeda virtual Bitcoin.

Bitcoin é um protocolo que descreve como pode ser mantida de maneira totalmente decentralizada uma moeda digital. Esse protocolo foi descrito por Satoshi Nakamoto (codinome) em um *whitepaper* Nakamoto 2009, que veio acompanhado de uma implementação em software do mesmo protocolo, veja também Antonopoulos 2014.

Quais são as propriedades que a moeda virtual Bitcoin trás como ela e como o Bitcoin se compara a os outros sistemas financeiros?

Decentralização Certamente, a principal virtude do Bitcoin é a ausência de uma autoridade central que exerça controle sobre a moeda. Em um primeiro momento é difícil entender o que significa essa afirmação. À medida que introduzirmos o algoritmo em maiores detalhes, ficará claro o que descentralização quer dizer. Mas por enquanto, basta dizer que o Bitcoin continuará existindo independente da vontade do seu criador Nakamoto, ou de qualquer um de seus atuais desenvolvedores, ou mesmo independentemente da intervenção de grandes potências como Estados Unidos ou China. Obviamente se algum grande país proibir o uso de Bitcoins, o preço da moeda sofreria uma grande queda, mas a moeda continuaria a existir e ser negociada por quem desejar.

Escasses No código em que foi definida a moeda Bitcoin, já estava previsto o número máximo de moedas que irão existir no mundo. Em um certo sentido essa é uma garantia ainda maior do que aquela dada pelo ouro, pois (apesar de extremamente improvável) é perfeitamente possível que alguém encontre uma grande reserva de ouro em algum lugar do mundo, desvalorizando o patrimônio dos demais.

Segurança Por se tratar de uma moeda criptográfica que já passou por dez anos de ataques por excelentes hackers, é natural afirmar que Bitcoin é segura. Porém segurança é um conceito muito complexo, e devemos lembrar que diversas pessoas já tiveram suas contas de Bitcoin comprometidas e perderam suas moedas de maneira irreversivel. O que podemos afirmar sobre a segurança de Bitcoins é que um usuário bastante experiente pode guardar seus Bitcoins de maneira tão segura que até mesmo o governo da Coréia do Norte não conseguiria roubá-los. Mas essa está longe de ser a definição de segurança que buscamos para o amplo uso de uma moeda no mundo.

Não-censurável Uma consequência importante da descentralização do Bitcoin é a impossibilidade de qualquer agente censurar as transações de um outro. Ao contrário do que acontece no sistema bancário, moedas de Bitcoin não podem ser confiscadas ou mesmo bloqueadas.

Não-anônima Ao contrário do que acredita a maioria, as transações realizadas na rede do Bitcoin não são anônimas. Pra ser mais preciso, existe algum tipo de proteção de identidade no protocolo do Bitcoin, mas de forma alguma deveríamos pensar nessa moeda como anônima. Ao explorarmos em maiores detalhes o algoritmo por trás desse protocolo, entenderemos melhor as nuâncias em torno da anonimidade do Bitcoin.

1.3 Percepção social do Bitcoin

O Bitcoin tem sido visto alternadamente como um grande vilão ou um grande herói da economia do século vinte e um.

Obviamente o Bitcoin não é uma entidade com juízo de valores, e sim um protocolo completamente alheio às consequências sociais de sua existência. Apesar disso, é sim uma obrigação moral de pesquisadores e desenvolvedores refletir e agir em função das consequências humanas de cada tecnologia que criam. Por se tratar de um tema bastante complexo, iremos apenas listar diversos pontos negativos e positivos que foram levantados no tema.

Ficará claro no decorrer dessa discussão que o Bitcoin não pode ser visto como uma novidade puramente positiva ou negativa como muitas vezes é proposto.

Críticas Desde sua criação, o Bitcoin tem sido usado em diversas atividades criminosas. Incluindo o sequestros de dados, fraudes, esquemas de pirâmides e roubos. Potencialmente, o Bitcoin poderia ser utilizado para o financiamento de atividades ilegais como terrorismo, mas como foi dito anteriormente, o Bitcoin não oferece anonimidade, de forma que grandes agências de inteligência poderiam descobrir quem está por trás dessas transações.

A Coréia do Norte tem se aproveitado do fato de que ela já sofre sansões econômicas extremamente severas, para atuar livremente no mercado negro de espionagem e crimes virtuais. Muitas dessas atividades envolvem Bitcoin em alguma parte do processo.

Além de presente em diversos crimes, o Bitcoin também é criticado pelo enorme consumo de eletricidade que seu algoritmo exige. Atualmente, a rede Bitcoin gasta a mesma quantidade de energia elétrica que o Equador, algo que preocupa ambientalistas. Pesquisa mais recentes em blockchains buscam algorítmos que não exigam tamanho gasto energético.

E finalmente, o Bitcoin é também muito criticado como uma tecnologia propriamente dita: por ser insegura nas mãos de usuários inexperientes, por ser bastante inconveniente de manusear, pela sua grande volatilidade e pelas altas taxas envolvidas em sua transação. Por esses e outros motivos, não se espera que a população em geral vá aderir ao Bitcoin como forma de pagamento tão cedo.

Virtudes Por outro lado, muitos experiências positivas tem sido observadas no uso do Bitcoin desde sua concepção.

Perseguidos políticos já foram capázes de retirar suas reservas financeiras de dentro de países autoritários. Alguns projetos beneficentes criaram moedas virtuais bem sucedidas em regiões demasiadamente violentas, ou onde o sistema financeiro não funciona apropriadamente.

Por se tratar de um sistema descentralizado, o Bitcoin tem possibilitado o que alguns chamam de "arbitragem regulamentatória". Esse é um tópico bastante controverso e de difícil definição. Vamos tomar primeiramente como exemplo o Uber, que se valeu da arbitragem regulamentatória oferecida por aplicativos de celular.

A maioria dos países proíbe que pessoas não licenciadas ofereçam serviços de transporte. Ao mesmo tempo, serviços oficiais muitas vezes se tornaram ineficientes ou ruins por não enfrentarem concorrência. Ao entrar no mercado, a Uber permaneceu um período em um limbo jurídico em que não era clara a legalidade do serviço oferecido. Porém depois de algum tempo a população passou a defender a empresa que evidenciou os aspectos negativos do sistema antigo. Observadores otimistas podem acreditar que esse tipo de processo possa trazer regulmentações melhores no futuro.

Da mesma forma, a existência de uma moeda descentralizada pode induzir esse efeito. Para exemplificar, digamos que um determinado país possua uma burocracia enorme para a transferência de valores para o exterior. Nessa situação, as pessoas podem começar a fazer esse tipo de transferência usando Bitcoins e após algum tempo o país seja forçado a adequar e otimizar seus procedimentos.

Internet descentralizada Talvez a maior promessa anunciada pelos proponentes e defensores de blockchains é a possível criação de uma internet mais justa e descentralizada à partir dos mesmos princípios que foram usados na criação do Bitcoin.

Acompanhando o rápido desenvolvimento da internet e seu papel nas atividades econômicas e sociais das pessoas, observamos uma crescente preocupação com o uso indevido dessa infraestrutura, com efeitos sobre a privacidade e liberdade dos seus usuários.

Grandes plataformas como Google e Facebook possuem uma enorme concentração de poder sobre nossas vidas digitais e diversos estudiosos se preocupam com as futuras direções que essa relação pode tomar. Desde o mau uso de informações pessoais, passando pela influência em nossa organização política, até consequências sobre a saúde mental de indivíduos que fazem uso exagerado dessas plataformas.

Até recentemente, um grande obstáculo para enfrentar essa centralização era a ausência de incentivos financeiros para tal. Aplicações descentralizadas como Mastodon, RSS ou XMPP não tiveram uma adoção comparável a suas alternativas centralizadas pela dificuldade que enfrentam de obter os recursos necessários, tanto em termos de desenvolvimento, quanto para a manutenção de sua infraestrutura.

Blockchains podem aliviar esses problemas ao colocar os incentivos financeiros para a manutenção e o desenvolvimento de suas infraestruturas dentro de seus próprios protocolos. Porém, esse tipo de design é extremamente complicado e exige muita pesquisa e desenvolvimento para até mesmo sabermos se será possível criar uma internet mais decentralizada do que temos hoje.

2 Criptografia de chave pública

Nesse capítulo daremos uma breve introdução à criptografia de chave pública (CCP), que é um ingrediente essencial para construirmos uma rede descentralizada. Como veremos mais adiante, é a CCP que nos permitirá associar pessoas físicas a uma identidade digital de forma a garantir que nenhuma pessoa possa agir em nome de outra.

Antes de mais nada, começaremos com um exemplo típico de aplicação de criptografia. Imaginamos que Bob gostaria de passar uma mensagem secreta pra Alice, sem que nenhuma outra pessoa possa ler o conteúdo da mensagem. Nossa intuição nos diz que a melhor forma de executar tal tarefa seria criarmos um canal secreto de comunicação entre Bob e Alice, como por exemplo comunicando pessoalmente ou usando um mensageiro confiável. Isso de fato pode ser bastante seguro, mas não é nada conveniente. Imagine se todas as pessoas que quisessem se comunicar confidencialmente tivessem que se encontrar, isso diminuiria bastante a nossa capacidade de se comunicar.

A criptografia melhora bastante esse cenário, à medida que ela possibilita a comunicação secreta mesmo utilizando canais inseguros. Vamos começar com um exemplo bastante simples, que foi utilizado por Júlio César para sua correspondência privada.

Primeiramente, César entregava um número secreto a seu correspondente, o que deveria ser feito em um canal secreto. À partir de então, ele transformava cada uma de suas mensagens (usando esse número secreto) para que elas pudessem ser enviadas por canais menos confiáveis.

Mais precisamente, cada uma das mensagens que César enviava era tranformada somando à cada letra da carta o número secreto, de maneira cíclica como no grupo $\mathbb{Z}_{26}$. Por exemplo, digamos que o número secreto fosse 13 e a mensagem de César fosse:

`Vamos nos encontrar amanhã no pagode.`

Nesse caso, letra `V` corresponde ao número 22, e $22 + 13 = 9$ em $\mathbb{Z}_{26}$, que corresponde à letra `I`. Continuando assim com cada letra, chegamos ao código:

`Inzbf abf rapbagene nznauã ab cntbqr.`

Apesar do exemplo de César ser bastante simples, ele já introduz alguns conceitos importantes que utilizaremos posteriormente, tais como: a mensagem, o número secreto e o código criptografado.

De fato esse método pode ser funcional para situações bastante simples, onde ninguém está tentando muito veementemente revelar a mensagem. Mas alguém suficientemente dedicado e que pudesse imaginar esse método poderia facilmente quebrá-lo, revertendo o método e testando todos os números entre 1 e 25 até que a mensagem se revele.

À partir do momento em que percebemos que esse método não é muito seguro, poderíamos tentar torná-lo mais complexo, na esperança que ele se torne difícil de quebrar. Intuitivamente, quanto mais complicado o método, mais complicado seria revertê-lo, criando uma espécie de jogo de gato e rato entre quem desenvolve e quem tenta atacar a cifra.

Esse tipo de estratégia é muitas vezes chamada de "segurança por obscurantismo", em que a criptografia utiliza metodologias complicadas e secretas, numa tentativa de que seja cada vez mais difícil quebrá-la. Segurança por obscurantismo é um procedimento extremamente inseguro, especialmente desde o advento de computadores baratos que podem testar milhões de estratégias diferentes em pouco tempo.

A alternativa para a "segurança por obscurantismo" é tentar criar algo bem mais ambicioso. Será que podemos desenvolver uma criptografia que, mesmo depois de divulgarmos para nossos adversários os nossos métodos, ainda assim seria muito difícil quebrá-la? É exatamente isso que faremos agora.

Por razões de limitação de tempo, nós não faremos uma introdução muito completa à criptografia. Ao invés disso, passaremos diretamente ao tópico que nos interessa, chamado Criptografia de Chave Pública.

Mas antes teremos que fazer uma pausa para estudar um outro assunto, à princípio descorrelacionado: a complexidade computacional.

2.1 Por que complexidade computational?

A prática correta de se estudar criptografia é primeiramente definir de maneira rigorosa o que estamos buscando. Somente assim se tornam claras as propriedades e as fragilidades de cada método e finalmente podemos avaliar sua segurança.

Ao se definir um método de criptografia, em algum momento gostaríamos de dar um sentido rigoroso para frases como: "É possível pra Alice decifrar a mensagem, mas é impossível para qualquer outra pessoa fazê-lo".

Mas isso parece uma contradição, certo? Pois essa outra pessoa (digamos Eva) poderia repetir exatamente os mesmos procedimentos da Alice e ela também seria capaz de decifrar a mensagem.

Mas como no caso de César, podemos argumentar que a frase correta deveria ser: "Alguém que possua o número secreto é capaz de decifrar a mensagem, enquanto quem não o possui não o é".

Isso já parece um pouco mais rigoroso, pois colocamos claramente qual é o elemento que distingui a Alice de qualquer outro agente: a posse do número secreto.

Porém, ainda existem vários problemas com a definição acima. O mais óbvio deles é que a Eva poderia testar todos os números em sequência até encontrar o número secreto e então decifrar a mensagem. No caso de César isso é muito simples, pois existem apenas 25 possíveis números secretos a serem testados. Mas se Eva fosse forçada a testar uma quantidade enorme de números, como 10^{50}, poderíamos dizer que nossa criptografia é suficientemente segura.

Resta ainda um problema com a nossa definição: o que significa "ser capaz"? Mesmo que nosso método possua números secretos de cinquenta dígitos, será que Eva poderia encontrar um método alternativo de decifrar as mensagens, sem de fato ter que buscar exaustivamente o número secreto? Por exemplo, uma vez que ela conheça o método usando na criptografia, talvez Eva possa usar algum truque matemático para decifrá-la.

Para finalmente sermos capazes de formalizar o conceito de "ser capaz", utilizaremos a noção matemática de complexidade computacional. Intuitivamente, o que vamos tentar dizer no que segue é que: "é extremamente complexo computacionalmente decifrar uma mensagem sem possuir o número secreto".

Infelizmente, esse curso é curto e não poderemos definir em todos os detalhes o que é complexidade computacional, mas vamos introduzir as noções necessárias com detalhes suficientes para podermos seguir com o restante do curso.

2.2 Máquina de acesso aleatório

Para introduzirmos o conceito de complexidade computacional, vamos definir uma máquina abstrata que chamaremos de Máquina de Acesso Aléatório, em inglês Random Access Machine, our RAM.

Essa máquina possui uma coleção infinita de registradores {`R1, R2, ...`}. Cada um desses registradores pode guardar um inteiro não-negativo, que pode ser modificado durante a execução da máquina. No momento inicial, apenas uma quantidade finita de registradores guardam um valor não-nulo, essa coleção de valores não nulos compôem o que chamamos de a *entrada* da máquina. A cada operação, a máquina somente pode modificar o conteúdo de um registrador, portanto em todos os momentos da execução, sempre é verdade que apenas um número finito de registradores serão não-nulos.

Além dos registradores, uma RAM precisa de um conjunto finito de instruções

{`I1, I2, I3, ..., Im`}.

Finalmente, um número especial chamado `PC` (Program Counter) tem a função de indicar qual será a próxima função a ser executada.

Antes de explicar o funcionamento de uma máquina RAM, vamos introduzir mais uma última notação. Quando escrevemos `R3`, estamos nos referindo ao terceiro registrador da máquina, ou intuitivamente `R3` é o nome da terceira caixinha onde podemos colocar números. Se por outro lado escrevemos `[R3]`, nesse caso nos referimos ao conteúdo do terceiro registrador (por exemplo o número 1323900). Finalmente, a notação `[[R3]]` indica o conteúdo do registrador, cujo endreço é o número armazenado no terceiro registrador. Por exemplo, se `[R3] = 1323900`, então `[[R3]] = [R1323900]`.

Tendo introduzido a notação necessária, podemos definir a RAM como a máquina que executa os passos abaixo:

1. ler o inteiro armazenado em `PC` (em outras palavras `[PC]`),

2. se `[PC]` é maior que o número de instruções (`m`), a máquina terminou e o atual conteúdo dos registradores é chamado *saída* da máquina,

3. se pelo contrário `[PC]` é uma instrução válida, então executamos tal instrução (veja a Tabela 2.4 para uma referência de instruções) e reiniciamos esse procedimento do início.

Cada vez que repetimos os ítens acima, dizemos que um ciclo foi executado.

Agora nos resta definir todas as instruções da máquina e teremos definido completamente a RAM. Essas definições se encontram na Tabela 2.4 abaixo.

Instrução	Efeito nos registradores	Próximo valor de [PC]
`Ri <- Rj`	`[Ri] := [Rj]`	[PC] + 1
`Ri <- RRj`	`[Ri] := [[Rj]]`	[PC] + 1
`RRi <- Rj`	`[[Ri]] := [Rj]`	[PC] + 1
`Ri <- k`	`[Ri] := k`	[PC] + 1
`Ri <- Rj + Rk`	`[Ri] := [Rj] + [Rk]`	[PC] + 1
`Ri <- Rj`	`[Ri] := 0` ∨ `([Rj] - [Rk])`	[PC] + 1
`GOTO m`		m
`IF Ri=0 GOTO m`		$\begin{cases} m, & \text{se Ri > 0} \\ [PC]+1, & \text{c.c.} \end{cases}$

Tabela 2.1: O conjunto de instruções da RAM

Vemos portanto que essa máquina é capaz de mover valores entre registradores, vazer dupla indireção com os símbolos `RRi`. Além disso, a máquina possui operações aritméticas de adição e subtração. Finalmente, a RAM pode modificar o fluxo de execução das instruções através dos dois comandos que alteram o valor de `[PC]`.

Note que existem máquinas que nunca terminam de executar, como por exemplo a máquina seguinte:

```
1: GOTO 1.
```
(2.1)

As operações definidas na RAM são bastante comuns em computadores comerciais. De fato a RAM é bastante similar a processadores modernos, mas obviamente muito mais limitada em termos de instruções.

Alguns leitores podem ter sentido falta da operação de multiplicação. Mas de fato ela pode ser implementada de maneira bem fácil usando o seguinte código:

```
1: R3 <- 1
2: IF R1 = 0 GOTO 6
3: R2 <- R2 + R0
4: R1 <- R1 - R3
5: GOTO 2
6: R0 <- R2
```
(2.2)

Definição 2.2.1. *Uma sequência de instruções* {`I1`, ..., `Im`} *como acima será chamada de algoritmo.*

O programa acima de fato multiplica os valores em R0 e R1, colocando finalmente o resultado em R0. Porém, esse algoritmo é bastante ineficiente, pois demora um tempo linear em [R1].

Exercício 2.2.1. *Escreva um algoritmo que faça a multiplicação de* R0 *e* R1 *em tempo proporcional a* $\log^2$([R1]).

2.3 Tempo polinomial de execução

Quando a RAM inicia, o conteúdo de seus registradores é o que chamamos de *entrada*. Como observamos acima, a entrada X sempre conterá um número finito de registradores diferentes de zero, logo denotamos X = R0, R1, ..., Rj.

Definição 2.3.1. *Definimos o tamanho da entrada* |X| *como* $\log(\mathtt{R0}+2)+\cdots+\log(\mathtt{Rj}+2)$.

Somamos o valor 2 a cada registrador pra nos certificar que mesmo os registradores que contenham valores nulos serão contabilizados.

Definição 2.3.2. *Dizemos que um algoritmo executa em tempo polinomial se existe um polinômio $p(n)$, tal que para todos suas possíveis entradas* X*, a máquina termina sua execução em no máximo $p(|\mathtt{X}|)$ ciclos.*

Quando nós somos capazes de encontrar uma máquina que executa uma determinada tarefa em tempo polinomial, dizemos que essa tarefa pode ser executada de maneira eficiente. Se por outro lado não existe uma máquina que execute uma determinada tarefa em tempo polinomial, dizemos que essa é uma *tarefa difícil* ou impraticável.

Observe que tempo polinomial com um expoente muito grande pode ser que não seja tratável na prática. Mas a escolha de tempo polinomial como marco para decidir se uma tarefa é tratável tem inúmeras vantagens teóricas que não iremos discutir aqui.

Essa é a definição que utilizaremos posteriormente para dar um sentido rigoroso para "Eva não é capaz de...". Em outras palavras, gostaríamos que a tarefa de decifrar um código sem a posse do número secreto é impraticável.

Mas antes de retornar à criptografia, resta ainda uma questão importante que devemos abordar. Note que nossa definição de tarefa difícil envolve a máquina RAM definida acima. Por outro lado, essa máquina é bastante particular. Talvez nossa adversária Eva poderia construir uma máquina mais moderna que a RAM e utilizá-la para quebrar nossa criptografia.

Apesar de nossa definição de RAM ser bastante singela e particular, a nossa definição de tarefa difícil por outro lado é bem robusta. De fato, podemos tentar definir (fisicamente e mentalmente) diversas outras máquinas e no fim chegaremos a definições equivalentes de tarefas difícieis.

Exercício 2.3.1. *Pesquise a definição de máquina de Turing e mostre que a definição de tarefa difícil não se altera se trocarmos a RAM pela máquina de Turing na definição.*

Existe uma excessão à discussão que fizemos acima. Usando peculiaridades da física quântica, é a princípio possível construir máquinas que são mais poderosas que os computadores conhecidos. Esses chamados "computadores quânticos" de fato induzem uma definição diferente de tarefa difícil. Não é portanto uma grande surpresa que a possibilidade de se construir computadores quânticos representa um grande desafio à pesquisa em criptografia.

2.4 Máquina RAM aleatória

Vamos introduzir uma última alteração na nossa máquina RAM que é necessária para definirmos uma criptografia segura.

De fato, quando dizemos que "Eva não pode decifrar a mensagem de Bob sem possuir o número secreto", o que isso realmente quer dizer? Talvez Eva tenha descoberto o número secreto por sorte, o que não é matematicamente impossível.

Teremos então que dar uma noção de probabilidade às nossas máquinas para quantificar a probabilidade de se quebrar a criptografia ao acaso. Isso é feito introduzindo mais uma instrução à nossa máquina RAM:

Instrução	Efeito nos registradores	Próximo valor de `[PC]`
`Ri <- Random`	`[Ri] := RAND`	[PC] + 1

Tabela 2.2: A instrução extra que torna uma RAM aleatória

Onde `RAND` é um inteiro aleatório com probabilidade $1/2$ de assumir o valor 0 e probabilidade $1/2$ de assumir o valor 1. Todas as chamadas à instrução `Random` retornarão valores independentes.

Agora nossos algorítmos podem criar saídas aleatórias se utilizarem a instrução acima.

As máquinas aleatórias como a introduzida acima possuem uma gama enorme de aplicações em computação, mas também precisam de um cuidado especial com definições que antes eram mais simples de se obter.

Por exemplo, o que significa uma máquina aleatória executar em tempo polinomial?

O conjunto de entradas e saídas de uma máquina RAM é

$$\mathcal{I} = \big\{(x_1, x_2, \dots) \in \mathbb{Z}_+^{\mathbb{N}}; |\{i; x_i > 0\}| < \infty\big\}, \tag{2.3}$$

ou seja, apenas um conjunto finito de registradores guardam um número positivo.

Vamos representar uma tarefa computacional por uma função teste $f : \mathcal{I} \to \{0, 1\}$, ou seja uma função que aprova ou reprova uma determinada saída. Denotamos também por $h(X)$ o tempo (possivelmente aleatório) que demora para um algoritmo executar com a entrada X.

Definição 2.4.1. *Dizemos que um algoritmo aleatório A satisfaz f em tempo polinomial se existe um polinomio $p(n)$ tal que $A(X)$ executa em no máximo $p(|X|)$ ciclos e além disso*

$$\mathbb{P}\Big[f(A(X)) = 1\Big] > \frac{2}{3}. \tag{2.4}$$

Exercício 2.4.1. *Mostre que o valor $2/3$ na definição acima pode ser melhorado arbitrariamente executando o algoritmo diversas vezes.*

2.5 Criptografia de Chave Pública

Antes de definirmos formalmente uma CCP, vamos introduzir o nosso *modelo de ataque*. Intuitivamente, o *modelo de ataque* descreve o contexto e as condições de comunicação entre as partes envolvidas. Com esse modelo, ficam bem claras as suposições que fazemos sobre o sistema.

O modelo de ataque que descreveremos agora será um pouco mais hostil do que o contexto de César, onde ele era capaz de combinar um número secreto com seu correspondente por um canal seguro de comunicação.

Digamos que Alice possui um canal *público* e *não-forjável* para mandar uma mensagem inicial para Bob, esse canal será utilizado para compartilhar a chave de comunicação entre eles.

Note que esse canal é público, portanto à princípio adversários podem ter acesso à chave de comunicação (por isso o nome Criptografia de Chave Pública).

Vamos supor também que ninguém pode fingir ser Alice nesse canal público, donde o nome *não-forjável*. Por exemplo podemos imaginar que a Alice possa ligar para o Bob a fim de enviá-lo a chave. Mas mesmo que Bob reconheça a voz da Alice e saiba que ninguém está fingindo ser ela, é perfeitamente possível que alguém esteja ouvindo essa conversa.

Depois que Bob recebeu a chave de Alice, ele vai mandar mensagens pra ela atravéz de um canal (também público) e ele gostaria manter sigilo sobre o conteúdo dessas mensagens.

Lembramos mais uma vez que assumimos que Eva intercepta todas as mensagens entre Alice e Bob (incluindo o envio da chave). Além disso Eva tem acesso ao método que Alice e Bob combinaram de utlizar pra comunicação.

O modelo de ataque que descrevemos acima é razoavelmente hostil e a princípio parece bastante surpreendente que seja possível construir uma criptografia segura em tal contexto.

Podemos agora definir formalmente a CCP que implicitamente supôe o modelo de ataque acima.

Definição 2.5.1. *Uma CCP é um trio de algoritnmos polinomiais aleatórios* (G, E, D) *tais que*

a) G ("generate") recebe como entrada 2^k *(chamado segurança da chave) e retorna na saída um par aleatório* (e, d)*, chamados respectivamente de chave pública e chave privada.*

b) E ("encrypt") recebe como entrada três parâmetros $(2^k, e, m)$*. Mais uma vez, k representa a segurança da criptografia, enquanto e representa a própria chave pública obtida em G e* $m \in \{0, 1\}^k$ *é a mensagem a ser enviada. Como saída, o algoritmo E retorna um texto criptografado (ou código)* $c \in \{0, 1\}^k$.

c) D ("decrypt") recebe como entradas $(2^k, d, c)$*, onde d é a chave privada gerada em G e c é o código obtido em E e retorna* $m' \in \{0, 1\}^k$.

Para que esse trio seja chamado uma CCP, pedimos que

$$D(k, d, E(k, e, m)) = m. \tag{2.5}$$

Vamos descrever qual é o procedimento para utilizarmos uma CCP.

1. Primeiramente, Alice escolhe uma segurança k para sua criptografia e roda o algoritmo G, de forma a obter saídas e e d.

2. Alice se comunica via canal público com Bob para enviá-lo a dificuldade k e a chave pública e, por exemplo por telefone.

3. Bob então utiliza o algoritmo E com entradas k, e e sua mensagem m a ser criptografada. A saída c do algoritmo E é então enviada pra Alice também por um canal público.

4. Finalmente Alice executa o algoritmo D com a segurança k, sua chave privada d e o código c para obter m, como é garantido por (2.5).

É importante fazermos algumas observações agora. Primeiramente, precisamos justificar o uso de 2^k como entrada de G, E e D. A razão de usarmos 2^k no lugar de simplesmente k é para especificar a necessidade de que esses algoritmos rodem em tempo polinomial em k e não em $\log(k)$. Reveja a definição de um algoritmo executar em tempo polinomial para apreciar a diferença.

Além desse ponto, note que nós assumimos que todos os três algoritmos (G, E, e D) da definição de CCP rodem em tempo polinomial, ou em outras palavras, eles são rápidos o suficiente para ser usados na prática por Alice e Bob, nossos usuários legítmos.

Porém, não assumimos nada sobre a segurança do método. De fato, sejam os os algoritmos triviais que geram as seguintes saídas:

$$\begin{aligned} G(k) &\to (7,7), \\ E(k,7,m) &\to m \text{ e} \\ D(k,7,c) &\to c \end{aligned} \tag{2.6}$$

Nesse caso a nossa única condição (2.5) é satisfeita pois

$$D(k,7,E(k,7,m)) = D(k,7,m) = m. \tag{2.7}$$

Porém, como o código gerado por E é igual à mensagem, fica claro que Eva pode decifrá-lo facilmente. Vamos portanto definir o que é uma CCP segura.

Definição 2.5.2. *Dizemos que uma CCP é* segura *se não existe um algoritmo polinomial H tal que*

$$H(k, E(k,e,m)) = m, \tag{2.8}$$

para todo (e,d) obtidos por G.

Vamos fazer agora diversas observações sobre a definição acima:

1. Primeiramente, o mérito da definição acima é que ela nos dá uma formalização totalmente matemática dos conceitos informais que apresentamos nas seções anteriores. Em particular, enquanto é rápido para Alice e Bob se comunicarem com esse método, não existe um método eficiente para decifrar as mensagens de Bob sem ter acesso à chave privada da Alice.

2. Note também que as definições acima respeitam nosso modelo de ataque, pois o nosso adversário tem acesso a todos os valores k, e e m que foram transmitidos entre Alice e Bob.

3. Note que também é bastante importante que Eva não se possa passar por Alice no início do protocolo, senão ela poderia enviar um valor diferente de e para Bob (talvez um valor para o qual ela conheça a chave privada d associada).

4. Essa noção de segurança de CCP é bastante fraca. Por exemplo, poderia ser possível construir um algoritmo H tal que $H(k, E(k, e, m)) = m$ não pra todos, mas para a maioria dos valores (e, d) obtidos por G. Isso já seria suficiente para tornar essa criptografia bastante frágil na prática. Mas nesse curso nos contentaremos com essa definição pois já contém a metodologia correta de se apresentar criptografia de maneira rigorosa, o que já é uma base sólida pra construirmos métodos mais seguros. Além disso, lembramos que esse não é um curso sobre criptografia, mas sim blockchains.

5. Apesar de que a nossa definição de CCP é ainda fraca, na verdade nós não sabemos de fato se existe uma CCP segura. Isso se dá pela dificuldade de se mostrar afirmações da forma: "Não existem algoritmos polinomiais capazes de...". Apesar de que isso aparentemente joga por terra toda a teoria de criptografia, dado que não podemos mostrar que nenhum algoritmo é de fato seguro, ainda podemos utilizar regras de "redução". Isso quer dizer, podemos mostrar afirmações como: "Se existe um algoritmo capaz de quebrar uma determinada criptografia, então podemos modificá-lo de forma a resolver um outro problema que é notoriamente difícil". Esse tipo de redução será melhor exemplificada no decorrer do texto, quando introduzirmos uma CCP mais concreta, mas vale notar que essa metodologia tem sido bastante bem sucedida na confecção de métodos de criptografia cada vez mais poderosos e seguros.

Para tornar nosso exemplo ainda mais concreto, apresentaremos na próxima seção um algoritmo de criptografia que se acredita ser seguro de acordo com a definição acima. Mas primeiramente, vamos ter que fazer uma breve revisão de teoria de números, que será utilizada na construção do algoritmo.

3 Revisão de teoria de números

A criptografia RSA, bastante difundida e até hoje considerada bastante segura, tem como seu principal fundamento a teoria de números. Faremos agora uma breve revisão de resultados necessários para descrever o algoritmo.

Apesar de que os resultados apresentados são bastante básicos, a leitura- ainda pode ser interessantes para quem já os conhece, pois incluiremos alguns comentários sobre aspectos computacionais da teoria.

Começaremos com uma decomposição bastante básica em teoria de números.

Proposição 3.0.1. *Dados $a, b > 0$ inteiros, existem $X, Y \in \mathbb{Z}$ tais que*

$$Xa + Yb = \text{mdc}(a, b). \tag{3.1}$$

Demonstração. Seja

$$m := \inf\{Xa + Yb; X, Y \in \mathbb{Z}, Xa + Yb > 0\}. \tag{3.2}$$

Vamos mostrar que $m = \text{mdc}(a, b)$, terminando a prova da proposição.

Primeiramente, observe que o conjunto

$$\mathcal{A} := \{Xa + Yb; X, Y \in \mathbb{Z}\} \tag{3.3}$$

é um sub-grupo aditivo de $\mathbb{Z}$. Portanto podemos escrever $\mathcal{A} = m\mathbb{Z}$, onde m é exatamente dado pela definição (3.2).

Vamos agora mostrar que m é um divisor comum de a e b. De fato, como $a \in \mathcal{A} = m\mathbb{Z}$, temos que $a = mj$, provando a afirmação (note que o mesmo argumento vale para b).

Finalmente, vamos mostrar que m é o maior dos divisores comuns entre a e b. De fato, supondo por absurdo que $m' > m$ divide tanto a quanto b, poderíamos escrever $a = j'm'$ e $b = k'm'$, donde

$$m = Xa + Yb = Xj'm' + Yk'm' = (Xj' + Yk')m', \tag{3.4}$$

o que contradiz o fato que $m' > m > 0$. □

O próximo resultado nos permite calcular o mdc entre dois números de maneira rápida, além de ser um teorema importante por si só.

Teorema 3.0.2 (Algoritmo de Euclides). *Sejam $a, b > 1$ tais que b não divide a. Então,*

$$d := \text{mdc}(a, b) = \text{mdc}(b, a \mod b). \tag{3.5}$$

Demonstração. **Caso** $b > a$ - Esse caso é trivial pois $a \mod b = a$.

Caso $a < b$ - Nesse caso podemos escrever $a = qb + r$ onde $r < b$ e como b não divide a, temos também que $r > 0$. Note que de fato $r = a \mod b$.

Como $r = a - qb$ (e d divide tanto a como b), temos que d divide r. Portanto, pela maximalidade do mdc, temos que $d \leqslant d' := \text{mdc}(b, r)$.

Finalmente, note que d' divide b, r e $a = qb + r$. Portanto, também pela maximalidade do mdc, temos que $d' \leqslant \text{mdc}(a, b) = d$. As desigualdades $d \leqslant d' \leqslant d$ provam o resultado. □

A razão pela qual o teorema acima é chamado de Algoritmo de Euclides é porque ele induz um método eficiente para o cálculo de máximos divisores comuns, veja o pseudo-código no Algoritmo 1.

Algoritmo 1: Euclides

```
entrada : a, b inteiros com a ≥ b > 0
saída   : mdc(a, b)
if b divide a then
  | return b
else
  L return Euclides(b, a mod b)
```

Esse método é bastante eficiente como pode ser visto na proposição abaixo.

Proposição 3.0.3. *O Algoritmo de euclides termina em no máximo $2\log(b)$ iterações, o que implica que ele executa em tempo polinomial.*

Demonstração. Denotamos por a_i, b_i as entradas da i-ésima iteração do algoritmo e observamos que b_i é uma sequência monótona decrescente.

Para provar a proposição, basta mostrar que

$$b_{i+2} \leqslant b_i/2, \tag{3.6}$$

o que faremos considerando dois casos.

Caso $b_{i+1} \leqslant b_i/2$ - Nesse caso observamos que se o algoritmo continuar, então $b_{i+2} = a_{i+1} \mod b_{i+1} \leqslant b_{i+1} \leqslant b_i/2$.

Caso $b_{i+1} > b_i/2$ - Nesse caso, se o algoritmo continuar teremos que $b_{i+2} = a_{i+1} \mod b_{i+1} = b_i \mod b_{i+1} = b_i - b_{i+1} \leqslant b_i/2$. □

Para as aplicações que faremos, será útil ter uma versão extendida do Algoritmo de Euclides, que apresentamos no Algoritmo 2.

Algoritmo 2: EuclidesExt

---

entrada : a, b inteiros com $a \geqslant b > 0$
saída : (d, X, Y), onde $d = \text{mdc}(a, b) = Xa + Yb$
if *b divide a* **then**
  return $(b, 0, 1)$
else
  calcule $a = qb + r$, com $0 \leqslant r < b$
  calcule $(d', X', Y') = \text{EuclidesExt}(b, a \mod b)$
  return $(d', Y', X' - Y'q)$

Não vamos dar uma prova completa da corretude do Algoritmo 2, mas vamos observar que a saída do algoritmo nos dá

$$Xa + Yb = Y'a + (X' - Y'q)b = X'b + Y'(a - qb) = Y'b + Y'r = \text{mdc}(b, r).$$

Observe também que o número de iterações desse algoritmo é igual ao Algoritmo 1, o que implica que ele executa em tempo polinomial.

3.1 O grupo $\mathbb{Z}_n^*$

Dado um inteiro positivo N, vamos tentar criar um grupo multiplicativo contido em $\mathbb{Z}_N$, mas para isso primeiramente precisamos definir o que é um inverso.

Definição 3.1.1. *Dizemos que $0 < a < N$ é invertível em $\mathbb{Z}_N$ se existe $b \in \mathbb{Z}_N$ tal que $ba = 1 \mod N$. Nesse caso denotamos b por a^{-1}.*

Lema 3.1.2. *Um elemento $a \in \mathbb{Z}_N$ é inversível se e somente se* $\text{mdc}(a, N) = 1$.

Demonstração. Primeiramente assumimos que $\text{mdc}(a, N) = 1$, donde concluimos que existem $X, Y \in \mathbb{Z}$ tais que $Xa + YN = 1$. Daí concluimos que $Xa = 1 \mod N$, donde a é inversível.

Para a recíproca, assumimos que existe $b \in \mathbb{Z}_N$ tal que $ba = 1 \mod N$. Nesse caso, podemos escrever $ba = 1 + qN$, donde $ba - qN = 1$ e como $\text{mdc}(a, N) = \inf\{Xa + YN; X, Y \in \mathbb{Z} \text{ e } Xa + YN > 0\}$, temos que de fato $\text{mdc}(a, N) = 1$. Isso prova o lema. □

Definição 3.1.3. *Para $N > 1$, definimos o grupo $\mathbb{Z}_N^*$ como*

$$\mathbb{Z}_N^* = \{0 < a < N; \text{mdc}(a, N) = 1\}. \tag{3.7}$$

Note que com a multiplicação módulo N, de fato $\mathbb{Z}_N^*$ é um grupo abeliano. Podemos derivar um corolário importante do Algoritmo de Euclides Extendido.

Corolário 3.1.4. *Dado $a \in \mathbb{Z}_N^*$, existe um algoritmo polinomial para o cálculo de a^{-1}.*

Demonstração. Como $\text{mdc}(a, N) = 1$, sabemos que existem $X, Y \in \mathbb{Z}$, tais que $Xa + YN = 1$. Dessa forma, podemos utilizar o Algoritmo 2 para obter X em tempo polinomial e como já vimos na prova do Lema 3.1.2, $X = a^{-1}$. □

Observe que não é claro qual é o tamanho do conjunto $\mathbb{Z}_N^*$. Isso motiva a seguinte definição.

Definição 3.1.5. *Definimos $\phi(N)$ como o número de elementos de $\mathbb{Z}_N^*$.*

Vamos calcular $\phi(N)$ em dois casos importantes para criptografia.

Lema 3.1.6. *Se p é primo, então $\phi(p) = p - 1$. Se tanto p e q são primos, então $\phi(pq) = (p-1)(q-1)$.*

Demonstração. O caso $\phi(p)$ é trivial pois todo número $0 < a < p$ possui $\text{mdc}(a, p) = 1$. Já o caso $N = pq$ exige uma pequena argumentação.

Se $\text{mdc}(a, N) \neq 1$, então $a | p$ ou $a | q$. Dessa forma

$$\{a; \text{mdc}(a, N) = 1\} = [1, N-1] \setminus (q\mathbb{Z} \cup p\mathbb{Z}). \tag{3.8}$$

Mas note que $[1, N-1] \cap q\mathbb{Z}$ é disjunto de $[1, N-1] \cap p\mathbb{Z}$. Daí concluimos que

$$\phi(N) = (N-1) - (p-1) - (q-1) = pq - q - p + 1 = (p-1)(q-1), \tag{3.9}$$

como gostaríamos de mostrar. □

3.2 Ordem de um grupo finito

Dado um grupo finito G, denotamos por $|G|$ o número de elementos em G, também chamado de *ordem*. Começamos com o seguinte resultado que será bastante útil no que segue.

Proposição 3.2.1. *Seja G um grupo finito e denote $m = |G|$. Então*

$$g^m = 1 \tag{3.10}$$

para todo $g \in G$.

Demonstração. Considere a sequência de elementos em G dada por g^1, g^2, ..., g^m. Observe que ou essa sequência contém todos os elementos de G ou ela contém uma repetição $g^i = g^j$, com $i > j$. Mas em qualquer um desses dois casos, essa sequência possui o elemento neutro 1, pois no caso de haver uma repetição, então $g^{i-j} = 1$.

Portanto, sejá k o primeiro índice entre 1 e m tal que $g^k = 1$. Fica claro que a sequência infinita $g^0, g^1, g^2, \dots$ é periódica, com $g^0, g^k, g^{2k}, \dots = 1$ e denotamos por $H \subseteq G$ o conjunto de elementos presentes nessa sequência.

Observe primeiramente que H é um grupo e considere a família de conjuntos

$$\mathcal{A} = \{aH; a \in G\}. \tag{3.11}$$

Note que se $A, A' \in \mathcal{A}$, então A e A' são disjuntos. Além disso, todos os conjuntos em $\mathcal{A}$ possuem a mesma cardinalidade que é igual a k (a cardinalidade de H).

Logo, como $G = \cup_{A \in \mathcal{A}} A$, podemos concluir que $m = |G| = k|\mathcal{A}|$, donde $g^m = g^{k|\mathcal{A}|} = 1^{|\mathcal{A}|} = 1$, terminando a prova da proposição. □

A próxima proposição estabelece uma permutação em G, o que parece ser uma ferramenta útil em criptografia, pois permite trocar um símbolo por outro de maneira menos trivial do que o shift de César.

Proposição 3.2.2. *Seja G um grupo finito de ordem m e fixe um inteiro $e > 0$ tal que* $\mathrm{mdc}(e, m) = 1$. *Então temos que*

1. *$f_e : G \to G$ definida por $f_e(g) = g^e$ é uma bijeção.*
2. *A função inversa de f_e é dada por f_d, onde $d = e^{-1} \mod m$.*

Demonstração. Consideramos a composição

$$f_d(f_e(g)) = f_d(g^e) = g^{ed} = g^{ed \mod m + bm} = g^1 g^{bm} = g, \tag{3.12}$$

que mostra que f_d é a inversa de f_e à esquerda. Como G é finito, isso termina a prova da proposição. □

4 Criptografia RSA

Nessa seção descreveremos um dos primeiros e mais bem sucedidos algoritmos de CCP, desenvolvido por Rivest, Shamir e Adleman em 1977, denominado RSA.

Primeiramente, vamos observar que existe um algoritmo em tempo polinomial para testar se um número é primo. Em outras palavras, esse algoritmo recebe como entrada um número primo N e retorna em sua saída zero se N é composto e um se N é primo.

A existência desse algoritmo é razoavelmente recente, tendo sido desenvolvidos por Manindra Agrawal, Neeraj Kayal e Nitin Saxena em 2002. Por esse trabalho eles receberam o Gödel Prize e o Fulkerson Prize em 2006. Uma apresentação muito didática desse algoritmo foi apresentada em um curso ministrado por Coutinho no Colóquio Brasileiro de Matemática em 2004.

Duas observações são importantes nesse momento. Primeiramente, não faremos uma exposição do algoritmo de AKS aqui, por escapar completamente do objetivo do curso. Mas como a criptografia RSA é muito anterior a AKS, é também importante ressaltar que é perfeitamente possivel fazer uma implementação segura de RSA sem utilizar o algoritmo de AKS. Mas isso envolve um procedimento mais complexo, portanto nesse curso tomaremos como dada a êxistência de tal algoritmo, que denotaremos simplesmente por AKS.

Vamos agora para introduzir os programas (G, E, D) que definem a criptografia de chave pública RSA.

Primeiramente, vamos precisar de alguns outros algoritmos, como por exemplo, o pseudo-código abaixo gera um número primo aleatório em um intervalo.

Algoritmo 3: RandomPrime

---

entrada : 2^{k}, para $k \geqslant 2$, a ordem de grandeza do primo desejado
saída : p, um primo entre $2^{\mathrm{k}-1}+1$ e 2^{k}
$\mathtt{N} \leftarrow 4$
while *AKS(N) = 0* **do**
 ⌊ $\mathtt{N} \leftarrow$ um inteiro aleatório uniforme entre $2^{\mathrm{k}-1}$ e 2^{k}.
return *N*

Exercício 4.0.1. *Mostre que para todo* $k \geqslant 2$ *existe um primo entre* $2^{k-1}+1$ *e* 2^k.

Lembramos que AKS executa em tempo polinomial. Além disso, vamos assumir um resultado importante de teoria de números chamado nada menos do que o Teorema dos Números Primos.

Teorema 4.0.1 (Teorema dos Números Primos). *Seja* $\pi(n)$ *a função que conta quantos primos existem entre* 2 *e* n. *Então,*

$$\lim_{n\to\infty} \frac{\pi(n)}{\left[\frac{n}{\log(n)}\right]} = 1. \tag{4.1}$$

Exercício 4.0.2. *Use o fato que AKS executa em tempo polinomial e o Teorema dos Números Primos para provar que (possivelmente truncando seu tempo de execução), o algoritmo aleatório* $RandomPrime$ *executa em tempo polinomial e executa a tarefa de encontrar um primo entre* 2^{k-1} *e* 2^k.

Podemos agora introduzir a função geradora de chaves G para RSA.

Algoritmo 4: G-RSA

---

entrada : 2^{k}, para $k \geqslant 1$, a segurança desejada para as chaves criptograficas
saída : $(\mathtt{e}, \mathrm{d})$ as chaves públicas e privadas
$\mathtt{p} \leftarrow$ RandomPrime(2^{k})
$\mathtt{q} \leftarrow$ RandomPrime(2^{k})
$\mathtt{N} \leftarrow \mathtt{pq}$
$\phi \leftarrow (\mathtt{p}-1)(\mathtt{q}-1)$
$\mathtt{e} \leftarrow 3$
while $\mathrm{mdc}(\mathtt{e}, \phi) \neq 1$ **do**
 ⌊ $\mathtt{e} \leftarrow$ um inteiro aleatório uniforme entre 3 e ϕ.
$\mathtt{d} \leftarrow e^{-1}$ em $\mathbb{Z}_\phi^*$ (ou seja $de = 1 \mod \phi$)
return $\big((e, N), (d, N)\big)$

Note que a chave pública é dada por $(\mathtt{e}, \mathtt{N})$ e não somente por $\mathtt{e}$ (o mesmo para a chave privada). Lembramos também que inverter o número $e \in \mathbb{Z}_{\phi}^{*}$ é rápido se conhecemos o número ϕ. Portanto, não é difícil ver que o algoritmo aleatório acima executa em tempo polinomial.

Antes de apresentar os algoritmos E e D de RSA, vamos brevemente argumentar que existe um método polinomial de se calcular uma potência do tipo $a^b \mod c$.

Obviamente o algorítmo simples de multiplicar a por si mesmo b vezes executa em tempo b, o que não é polinomial em $\log(a \cdot b \cdot c)$. Portanto temos que fazer algo um pouco mais sofisticado.

Primeiramente, escrevemos b em base 2, $b = b_0 2^0 + b_1 2^1 + \ldots b_l 2^l$. Note que isso pode ser feito em tempo polinomial.

Depois podemos calcular cada um dos $a^{2^{\mathrm{k}}} \mod c$, para $k = 0, \ldots, l$ em tempo polinomial com o seguinte método: $a_1 = a$, $a_{k+1} = a_k \times a_k \mod c$. Isso mostra que $a^b \mod c$ pode ser calculado em tempo polinomial.

Algoritmo 5: E-RSA - criptografia

---

entrada : $(2^{\mathrm{k}}, (\mathtt{e}, \mathtt{N}), m)$, com a mensagem $m \in \mathbb{Z}_N^{*}$
saída : $\mathtt{c}$ o código criptografado de m
return $m^e \mod N$

Algoritmo 6: D-RSA - descriptografia

---

entrada : $(2^{\mathrm{k}}, (\mathtt{d}, \mathtt{N}), c)$, com o código $c \in \mathbb{Z}_N^{*}$
saída : $\mathtt{m'}$ a mensagem descriptografada
return $c^d \mod N$

Primeiramente vamos mostrar que os algoritmos acima de fato definem uma CCP.

Teorema 4.0.2. *(G-RSA, E-RSA, D-RSA) definem uma CCP.*

Demonstração. De fato, calculando

$$D\big(2^{\mathrm{k}}, (\mathtt{d}, \mathtt{N}), E(2^{\mathrm{k}}, (\mathtt{e}, \mathtt{N}), m)\big) = (m^{\mathtt{e}})^{\mathtt{d}} \mod N. \tag{4.2}$$

Mas usando a Proposição 3.2.1, temos que para qualquer $r \in \mathbb{Z}$,

$$(m^{\mathtt{e}})^{\mathtt{d}} \mod N = m^{\mathtt{ed} - r\phi(N)} \mod N, \tag{4.3}$$

Pela escolha que fizemos de $\mathtt{d}$ no algoritmo G-RSA, podemos escolher r tal que $\mathtt{ed} - r\phi(N) = 1$, terminando a prova do teorema. □

Gostariamos de saber agora se a criptografia de chave pública definida acima é de fato segura. Esse é um assunto bastante complexo, mas podemos fazer alguns comentários breves sobre o tema.

Observação 1. *Quanto à segurança de RSA, vale observar*

a) *Como já foi dito anteriormente, na verdade não sabemos se esse método é seguro de fato.*

b) *Um possível ataque à criptografia RSA seria desenvolver um algoritmo em tempo polinomial para fatorar um número qualquer. De fato, lembrando que Eva tem acesso à chave pública* (e, N)*, ela poderia primeiramente fatorar* N *em* pq*, depois calcular* ϕ *e usando* ϕ *calcular a chave privada* (d, N)*. Acredita-se que não exista um algoritmo em tempo polinomial para a fatoração.*

c) *O melhor algoritmo conhecido para fatoração possui tempo de execução da ordem*

$$\exp\left\{\sqrt[3]{\tfrac{64}{9}k(\log(k))^2}\right\}, \qquad (4.4)$$

o que é bastante ineficiente. Por exemplo, se escolhemos $k = 1000$*, obtemos que o número de operações seria aproximadamente de*

$$\exp\left\{\sqrt[3]{7.1 \times 1000 \times 100}\right\} \sim 5.5 \times 10^{38}$$

o que demoraria trilhões de anos em um super computador atual.

d) *Não é claro que não seja possível decifrar os códigos gerados por RSA sem que seja necessário fatorar* N*, mas também acredita-se que isso não seja possível.*

e) *Existe um algoritmo desenvolvido por Shor em 1994 para fatorar números em tempo polinomial em um computador quântico. Felizmente para aplicações de criptografia, ainda não existem computadores quânticos funcionais o suficiente para apresentar uma ameaça a RSA.*

f) *Existem vários cuidados que devem ser tomados ao gerar os números primos* p *e* q *assim como o número* e*. Por isso é importante salientar que não devemos tentar implementar RSA nós mesmos, pois com grandes chances nosso método será frágil a ataques por não observar os importantes detalhes de implementação que somente uma pessoa experiente da área domina.*

5 Assinaturas criptográficas

Apesar de termos apresentado a Criptografia de Chave Pública usando o exemplo de comunicação secreta entre Bob e Alice, isso de fato nunca será usado durante o curso. Na verdade, utilizaremos a mesma teoria para uma outra aplicação que será de fato essencial para a criação de um blockchain. Essa aplicação se chama *Assinaturas Criptográficas*, cujo contexto será explicitado abaixo.

Digamos por exemplo que Alice é uma cliente de um banco online gerido por Bob. Já vimos como usar CCP para tornar a comunicação entre Alice e Bob secreta, mas ainda não falamos nada sobre a autenticidade das mensagens, o que é um aspecto muito importante para transações financeiras.

Imaginamos por um instante que Alice queira transferir certo valor para um amigo. Ela pode mandar essa ordem para o Bob através do site do banco, mas como Bob pode ter certeza de que de fato foi Alice que enviou essa ordem?

Precisamos fazer uma pequena pausa aqui para descrever como essa tarefa é tipicamente resolvida por bancos. De fato, o que Alice faz é entrar no site do banco usando uma senha e depois enviar qualquer ordem que ela queira aproveitando a seção já autenticada. Mas esse sistema definitivamente não servirá pra uma moeda descentralizada, como veremos abaixo.

Digamos que além de saber que a ordem veio da Alice, Bob queira uma prova que ele possa mostrar pra todo mundo que de fato Alice requeriu tal tranferência. Essa funcionalidade é muito importante se Bob não for a única pessoa encarregada de confirmar a operação. Nesse momento que se tornam importantes as assinaturas criptográficas.

5.1 Definição formal

Agora já possuimos uma linguagem precisa que podemos usar para especificar quais as propriedades que gostaríamos de ter de nossas assinaturas criptográficas, mas antes vamos apresentar uma descrição informal do modelo de ataque.

Digamos que exista um canal de comunicação entre Alice e Bob que seja de uso único e que não possa ser forjado (ou seja, Eva não pode fingir ser Alice nesse momento). Esse canal será usado apenas no início da interação entre eles para a troca de chaves públicas. Como esse canal será usado apenas uma vez, podemos tornar esse canal mais caro ou complicado, como por exemplo uma ligação entre Alice e Bob ou até mesmo um contato presencial, como no caso da abertura de uma conta de banco[1].

Além disso, supomos que existe um canal público entre Alice e Bob que pode usado diversas vezes, mas pode também ser forjado a qualquer momento, ou seja, Eva pode finjir ser Alice a qualquer momento nesse canal.

Bob gostaria de ter certeza de que as mensagens recebidas como sendo de Alice são de fato dela, e não de Eva se passando por Alice. Além disso, Bob gostaria de manter uma documentação que o permita provar para qualquer pessoa no futuro que de fato as transferências que ele implementou foram requeridas por Alice.

Podemos agora introduzir a definição formal de Assinaturas Digitais.

Definição 5.1.1. *Um sistema de Assinaturas Digitais (AD) é um trio de algoritmos polinomiais* (G, S, V)*, tais que:*

1. *G (Generage) recebe como entrada* 2^k *(o parâmetro de segurança da assinatura) e retorna* (v, s)*, as chamadas chaves privada e pública.*

2. *S (Sign) recebe como argumentos* $(2^k, s, m)$*, onde* s *é a chave privada gerada por* G *e* $m \in \{0,1\}^k$ *é a mensagem a ser assinada. O algoritmo* S *retorna uma prova* $t \in \{0,1\}^k$*.*

3. *V (Verify) recebe como argumentos* $(2^k, v, m, t)$*, todos gerados por* G *ou* S *e retorna um bit* $\{0,1\}$*.*

Pedimos também que valha a relação

$$V(2^k, v, m, S(2^k, s, m)) = 1, \tag{5.1}$$

para todos pares (v, s) *gerados por* G*.*

[1]Cartões com chip contém assinaturas digitais, portanto podem ser vistos como uma forma de se trocar assinaturas entre o banco e seus clientes.

Vamos novamente comentar como esses algoritmos devem ser usados no contexto descrito anteriormente.

Primeiro a Alice executa o algoritmo G para obter (v, s). Depois ela utiliza o canal público não forjável para enviar a chave pública v para Bob, enquanto ela guarda de maneira segura a chave privada s.

Para cada mensagem m que Alice queira assinar, ela executa o algoritmo S e envia tanto m quanto $t = S(2^k, s, m)$ para Bob. Bob então pode executar V com os dados recebidos e se a saída de V for um, ele aceita a mensagem m como autêntica.

Observe mais uma vez que nossos usuários legítmos sempre executam algoritmos de tempo polinomial, de forma que o sistema é conveniente.

Temos obviamente um problema na definição de Assinatura Digital. Qualquer trio (G, S, V) onde V sempre retorna o bit 1, é considerado um sistema de AD de acordo com nossa definição.

Torna-se necessário identificar o que torna uma AD segura.

Definição 5.1.2. *Dizemos que uma AD é segura se não existe um algorítmo F (Forge) que execute em tempo polinomial e tal que para todo $k > 1$ exista um $m \in \{0,1\}^k$ tal que*

$$V(2^k, v, m, F(2^k, v, m)) = 1, \tag{5.2}$$

para todos os pares (v, s) gerados por G.

Intuitivamente, essa definição nos diz que não existe um algoritmo prático para se gerar falsas assinaturas digitais sem acesso à chave privada s. Porém, mais uma vez essa definição é bastante fraca. Por exemplo, o que aconteceria se existisse um algoritmo capaz de forjar grande parte das assinaturas, mas não todas? Melhorias na definição acima foram amplamente estudadas, mas fogem do escopo desse curso.

5.2 Assinaturas digitais de RSA

Vamos agora usar as mesmas idéias da CCP introduzida por RSA para construir um sistema de Assinaturas Digitais.

Primeiramente, o algoritmo G para se gerar chaves de AD será exatamente o mesmo G-RSA introduzido no Algoritmo 4. As saídas de G serão simplismente interpretadas de maneira diferentes. Ao invés de o par $((e, N), (d, N))$ ser interpretado como (e, d), ele fará o papel de (v, s).

Os algoritmos S e V também serão semelhantes aos algoritmos E e D, mas de certa maneira com os papéis invertidos. Mais precisamente,

Algoritmo 7: S-RSA - Assinatura

entrada : $(2^{\mathrm{k}}, (\mathtt{d}, \mathtt{N}), m)$, com a mensagem $m \in \mathbb{Z}_N^*$
saída : `t`, a prova de que m foi assinada
return $m^d \mod N$

Algoritmo 8: V-RSA - Verificação

entrada : $(2^{\mathrm{k}}, (\mathtt{e}, \mathtt{N}), m, t)$, onde m corresponde à mensagem e t é a prova de assinatura
saída : $\{0, 1\}$ bit que indica se a assinatura foi validada
if $t^{\mathrm{e}} = m$ **then**
  return 1
else
  return 0

Vamos mostrar que esse trio (G, S, V) é um sistema de AD. De fato,

$$V(2^k, v, m, S(2^k, s, m)) = \begin{cases} 1, & \text{se } (m^d)^e = m \mod N \\ 0, & \text{caso contrário.} \end{cases} \tag{5.3}$$

Mas de fato o resultado acima será um pois $de = 1 \mod \phi(N)$.

Observação 2. *Vale notar que*

a) Apesar de não existir uma prova de que esse método de AD é seguro, acredita-se que seja tão difícil forjar uma assinatura quanto fatorar números.

b) É bastante importante notar que o método descrito acima não deve ser usado de maneira indiscriminada. Por exemplo, se uma pessoa utiliza o mesmo par de chaves para CCP e AD, então poderíamos tentar convencê-la a assinar uma mensagem criptografada por ela mesmo, o que resultaria em descriptografar seu conteúdo.

Como era de se esperar, vamos usar as assinaturas criptográficas introduzidas nesses capítulos como confirmação de uma determinada transferência. Portanto, se Alice quiser tranferir uma determinada quantidade de moedas a alguém, ela o fará assinando a transação correspondente usando o algoritmo S.

Hashes criptográficos

Nesta seção iremos discutir uma outra ferramenta importante chamada Hashes Criptográficos (HC). Essa peça é essencial para a construção de um blockchain baseado em Proof of Work, como é o caso do Bitcoin.

Como ainda não discutimos os detalhes sobre o que é um blockchain, iremos descrever uma outra aplicação de Hashes Criptográficos em assinaturas digitais.

Lembramos que nosso algoritmo de AD somente funcionava para mensagens $m \in \mathbb{Z}_N^*$ e não para mensagens arbitrariamente longas. Portanto, gostaríamos de criar uma função que receba uma mensagem (potencialmente muito longa) $g \in \{0,1\}^{\mathbb{N}}$ e a transformasse em uma mensagem curta $m \in \mathbb{Z}_N^*$. Se formos capazes de definir tal função H, podemos simplesmente assinar a mensagem m ao invéz de assinar a mensagem longa g.

Vamos primeiro definir o que é uma função de hash, que nos permitirá fazer isso.

Definição 6.0.1. *Um Hash Criptográfico é um par (G, H) de algoritmos em tempo polinomial, tais que:*

a) G (Generator) recebe como entrada 2^k (o parâmetro de segurança do algoritmo) e retorna uma chave s.

b) H (Hasher) recebe como entradas $(2^k, s, g)$, onde $g \in \{0,1\}^{\mathbb{N}}$, e retorna $h \in \mathbb{Z}_n^*$.

Note que existe algo estranho em nossa definição (assim como foi o caso com CCP e AD), que essencialmente qualquer algoritmo H pode ser considerado um Hash Criptográfico. De fato, se não impomos outras condições em H, isso poderia gerar novos tipos de ataques ao nosso sistema criptográfico, como discutiremos abaixo.

Digamos que a Alice use um sistema de assinaturas digitais em que mensagens longas g são primeiramente transformadas por $m = H(g)$ e posteriormente assinadas. Suponha também que Eva gostaria de forjar uma assinatura de Alice sem ter acesso a sua chave privada s. Primeiramente, Eva pode encontrar alguma mensagem $m_0 = H(g_0)$ anteriormente assinada por Alice. Agora, bastaria que Eva descobrisse alguma mensagem $g_1 \in \{0,1\}^{\mathbb{N}}$ tal que $H(g_1) = m_0$ e com isso ela poderia afirmar que a Alice assinou a mensagem g_1, o que não é verdade.

Para evitar esse tipo de ataque, precisamos encontrar uma função H que dificulte bastante a busca de *colisões*, ou seja mensagens g_0 e g_1 diferentes, mas tais que $H(g_0) = H(g_1)$. É óbvio que tais colisões existem, pois o domínio de H é infinito enquanto seu contra-domínio é finito. Mas lembramos que o contra-domínio de H é bastante grande (no nosso exemplo de assinaturas digitais é dado por $\mathbb{Z}_N^*$, que tem da ordem de 2^k elementos). Portanto, ficariamos já bastante satisfeitos se a tarefa de encontrar colisões para a função H for tão difícil quanto uma simples busca aleatória no contra-domínio de H.

Definição 6.0.2. *Um Hash Criptográfico* (G, H) *é dito* resistente a colisões *se não existe um algoritmo polinomial F que receba a chave s e retorne $g \neq g' \in \{0,1\}^{\mathbb{N}}$ e tais que*

$$H(2^k, s, g) = H(2^k, s, g'), \tag{6.1}$$

para todo s gerado por G.

Se usamos um HC livre de colisão, podemos com confiança primeiramente reduzir as mensagens g usando $m = H(g)$ e depois assiná-las, pois seria impossível para Eva forjar uma assinatura de Alice sem antes encontrar uma colisão de H.

6.1 Hashes criptograficos usando RSA

Esse tipo de HC que introduziremos agora não são utilizados na prática por uma série de razões, mas servem para ilustrar como podemos criar um hash livre de colisões como descrito na seção anterior.

Considere a seguinte construção de HC:

Algoritmo 9: G-HASH-RSA

---

entrada : 2^k, para $k \geqslant 1$, a segurança desejada para o hash
saída : s a chave criptográfica de hash
$((e, N), (d, N)) \leftarrow$ G-RSA(2^k)
$y \leftarrow$ um elemento uniforme de $\mathbb{Z}_N^*$
return (N, e, y)

Definimos também H abaixo:

Algoritmo 10: H-RSA

---

entrada : $(2^k, s, g)$, onde $g = (g_1, \ldots, g_{|g|}) \in \{0, 1\}^{\mathbb{N}}$ é a mensagem
saída : $h \in \mathbb{Z}_N^*$ o hash da mensagem
$(N, e, y) \leftarrow s$
$r \leftarrow 1$
for $i = 1, \ldots, |g|$ **do**
  if $g_i = 0$ **then**
    $r \leftarrow r^e \mod N$
  else
    $r \leftarrow yr^e \mod N$
return r

Vamos agora argumentar que H tem boas chances de ser livre de colisões.

Proposição 6.1.1. *Se existe um algoritmo polinomial F tal que $F(s) = (g, g')$ com*

$$H(2^k, s, g) = H(2^k, s, g'), \tag{6.2}$$

então existe um algoritmo polinomial para encontrar $x \in \mathbb{Z}_N^*$ tal que $y = x^e$. Em outras palavras, se podemos encontrar uma colisão para H, também podemos encontrar a raíz e-ésima de y.

Demonstração. Durante a prova iremos assumir que $|g| = |g'| = n$ e deixamos o caso mais geral como exercício.

Vamos reescrever a colisão enunciada na proposição como

$$y^{g_1+g_2e+\cdots+g_{n-1}e^{n-2}+g_ne^{n-1}} = y^{g'_1+g'_2e+\cdots+g'_{n-1}e^{n-2}+g'_ne^{n-1}} \mod N \tag{6.3}$$

Multiplicando ambos os lados pelo inverso dos termos da direita, obtemos

$$y^{g_1-g'_1}y^{(g_2-g'_2)e}\ldots y^{(g_n-g'_n)e^{n-1}} = 1 \mod N \tag{6.4}$$

Denotando por $k \in \{1, \ldots, n\}$ o primeiro índice em que g difere de g', temos

$$\begin{aligned} 1 &= y^{(g_k - g'_k)e^{k-1}} y^{(g_{k+1} - g'_{k+1})e^k} \cdots y^{(g_n - g'_n)e^{n-1}} \mod N \\ &= y^{\left[(g_k - g'_k) + (g_{k+1} - g'_{k+1})e + \cdots + (g_n - g'_n)e^{n-k}\right]e^{k-1}} \mod N \end{aligned} \quad (6.5)$$

Supondo sem perda de generalidade que $g_k - g'_k = 1$, terminamos com

$$y = y^{-\left[(g_{k+1} - g_{k+1}) + \cdots + (g_n - g'_n)e^{n-k-1}\right]e^k} \mod N. \quad (6.6)$$

Daí podemos encontrar a raíz e-ésima de y como sendo

$$x = y^{-\left[(g_{k+1} - g_{k+1}) + \cdots + (g_n - g'_n)e^{n-k-1}\right]e^{k-1}} \mod N, \quad (6.7)$$

terminando a prova da proposição. □

Observação 3. *Nesse ponto vale a pena fazer algumas observações:*

a) O problema de se encontrar uma raíz e-ésima de um elemento aleatório de $\mathbb{Z}_N^*$ é considerado bastante difícil. Portanto acredita-se que H-RSA seja livre de colisões.

b) Lembramos que o algorimto G-HASH-RSA executa o algoritmo G-RSA e posteriormente descarta a chave privada d. Para garantir a segurança de H-HASH, precisamos ter certeza de que d foi de fato descartado, o que pode ser bem difícil de fazer quando for uma outra pessoa que executar G-HASH-RSA. Esse é um primeiro motivo para não utilizarmos G-HASH-RSA.

Vamos discutir mais uma aplicação interessante de Hashes Criptográficos livres de colisões.

Digamos por exemplo que um site tenha diversos usuários que se autenticam através de senhas. Uma maneira singela de se implementar isso seria armazenar no servidor central as senhas de todos os usuários e sempre que alguém quiser se identificar, verificamos se a senha enviada está correta. Essa implementação possui diversos problemas, por exemplo: caso haja uma invasão no servidor central todas as senhas podem ser roubadas e muitas vezes os usuários utilizam a mesma senha em diversos sites, gerando na melhor das hipóteses um grande inconveniente.

Uma implementação mais inteligente desse sistema involveria apenas guardar o hash da senha de cada usuário. Esse método é muito seguro, pois as únicas maneiras de um usuário se autenticar seriam: ou prover a senha correta, ou enviar uma outra mensagem que possua uma colisão com a senha correta, o que é muitíssimo improvável. Além igualmente de seguro, esse método adiciona uma vantagem no caso de invasão do servidor, pois nenhuma senha será encontrada, apenas hashes que não podem ser usados em outros sites.

6.2 Proof of Work

Apesar de que a propriedade de um hash ser livre de colisões é muito importante para diversas aplicações, essa não será a principal propriedade que iremos buscar para a construção de uma blockchain.

Como ainda não introduzimos a notação necessária para apresentar blockchains, vamos introduzir uma outra aplicação para motivar a definição de *Proof of Work*.

Digamos que estamos desenvolvendo um novo protocolo de email que tem como objetivo reduzir a quantidade de mensagens indesejadas (spam). No nosso protocolo, antes de enviar uma mensagem para alguém, será necessário provar que um grande esforço computacional foi gasto pra enviar tal mensagem.

Vamos introduzier esse sistema da seguinte forma. Primeiramente, Alice escolhe um hash criptográfico H e um valor $t \leqslant N$ chamado *dificuldade* da tarefa. Escolhidos H e t, se Bob quiser enviar uma mensagem $g \in \{0,1\}^{\mathbb{N}}$ para Alice, ele primeiro deverá calcular um sufixo $s \in \{0,1\}^{\mathbb{N}}$ tal que

$$H(gs) \mod N < t, \tag{6.8}$$

onde gs representa a concatenação da mensagem g com o sufixo s.

De fato, como H executa em tempo polinomial, é rápido para a Alice verificar a validade de (6.8), resta saber como Bob irá calcular o sufixo s. Um primeiro algoritmo que Bob poderia tentar seria o que chamamos e força bruta, que consiste em apenas tentar vários sufixos aleatórios até obter um que satisfaça a condição (6.8).

Algoritmo 11: Proof of Work

---

entrada : $(2^{\mathrm{k}}, g)$, onde $g = (g_1, \ldots, g_{|g|}) \in \{0,1\}^{\mathbb{N}}$ é a mensagem
saída : $s \in \{0,1\}^k$ o sufixo para a mensagem
$s \leftarrow 00\ldots0$
while $H(gs) > t$ **do**
  $s \leftarrow$ um inteiro uniforme entre 0 e $2^k - 1$.
return s

Assumindo que esse será o algoritmo usado por Bob, a Alice tem bastante liberdade para escolher a dificuldade que ela gostaria de impor ao Bob. De fato, quanto menor for o valor escolhido para t, mais difícil se torna a condição (6.8) e Bob deveria realizar na ordem de N/t tentativas até ter sucesso.

Isso poderia gerar um pequeno inconveniente para o Bob e demais usuários, pois estes teriam que esperar alguns segundos (executando operações de hash) antes de enviar qualquer mensagem. Mas a princípio esse método poderia impedir que alguém enviasse emails em massa para dezenas de milhares de pessoas sem ter que gastar um tempo e energia que se tornam proibitivos por crescerem com o número de mensagens enviadas.

Infelizmente, esse método não é funcional, pois existem já diversos processadores especializados em executar hashes e eles são capazes de fazê-lo de maneira mais eficiente e barata do que processadores normais (por várias ordens de magnitude).

Nesse momento deveremos fazer uma pequena pausa para discutir a possibilidade de que exista um outro algoritmo para encontrar o sufixo s, que não seja por meio da força bruta. Isso obviamente vai depender de qual hash criptográfico H será usado por Alice. Mas vale observar que a Ausência de Colisões não é a condição mais adequada pra garantir que um hash H é apropriado para a utilização em Proof of Work.

Não iremos apresentar uma construção de hash apropriado para Proof of Work, pois isso já escaparia do objetivo central dessas notas. Porém já expusemos o ferramental que deve ser usado para availar tais algoritmos de maneira rigorosa, de forma que o leitor(a) já deve ser capaz de acompanhar a literatura da área se for de seu interesse.

Vamos porém apresentar um teorema que tem um sabor bastante semelhante ao tipo de resultado necessário para o estudo de PoW em hashes criptográficos, provado por Alexi, Chor, Goldreich e Schnoor. Não apresentaremos a prova desse teorema, mas apenas seu enunciado, que a grosso modo diz que prever o bit menos significativo de uma raiz e-ésima em $\mathbb{Z}_N^*$ é tão difícil quanto calcular a raiz propriamente dita. Mais precisamente.

Teorema 6.2.1 (Alexi, Chor, Goldreich e Schnoor). *Se existe uma constante $J > 0$ e um algoritmo aleatório polinomial O tal que para todo $k > 1$ e toda chave pública (e, N) gerada por G-RSA temos que*

$$P\big[O(2^k, N, e, x^e \mod N) = \textit{bit menos significativo de } x \mod N\big] \geqslant \frac{1}{2} + \frac{1}{k^J},$$

então existe um algoritmo aleatório polinomial A tal que

$$A(N, e, x^e \mod N) = x \mod N$$

ou seja um algoritmo que calcula raízes e-ésimas módulo N.

Como acredita-se que calcular a raiz e-ésima de um número aleatório módulo N como no esquema RSA seja tão difícil quanto fatorar N, então podemos supor que é impraticável estimar (de maneira significantemente melhor do que ao acaso) o bit menos significante de $x \mod N$ dado $x^e \mod N$.

7 SimpleCoin

Nesse capítulo iremos construir uma moeda criptográfica basntante enxuta, que chamaremos de SimpleCoin. Apesar de sua simplicidade, essa moeda será totalmente descentralizada utilizando um blockchain como camada de consenso. Acreditamos que essa seja a melhor maneira de se ilustrar o algoritmo de blockchain.

Primeiramente, vamos simplificar o desenho da SimpleCoin fixando um valor de k para todos os algoritmos criptográficos que discutimos anteriormente. Por exemplo, se fixamos $k = 1024$ como é feito com frequência, podemos supor que ninguém será capaz de quebrar nossas primitivas criptográficas em tempo hábil.

7.1 Agentes

Para definir nossa moeda criptográfica, precisaremos introduzir várias notações.

Definição 7.1.1. *Um par* (v, s_v) *de chaves pública e privada de Assinaturas Digitais é chamado* um Agente. *Muitas vezes chamamos os Agentes de* carteiras *e o conjunto de todos os agentes é denotado por* $V = \{(v, s_v)\}_{v \in V}$.

Cabe aqui um pequeno comentário sobre Agentes. Em situações cotidianas, gostamos de pensar em valores como pertencendo a uma determinada pessoa física, identificada muitas vezes por um documento. No SimpleCoin, assim como em diversas moedas criptográficas, não existe o conceito de indivíduo físico. Mas como isso funciona?

Cada usuário do SimpleCoin deve criar um par de chaves de AD (v, s_v) usando o algoritmo G-RSA. Nesse momento, ele divulgará sua chave pública v para todos os participantes da rede. Para o blockchain esse indivíduo será sempre identificado por sua chave pública, e não por seu nome ou qualquer outro atributo da pessoa física. A chave pública v também será chamada de *endereço* do agente, por se tratar do número para o qual devemos transferir fundos em transações que o beneficiem.

Isso tem diversas implicações importantes na segurança do sistema. Por exemplo, se um indivíduo perder sua chave privada, ele perderá também o controle de suas moedas, nunca mais sendo capaz de utilizá-las. Além disso, se auguém lhe roubar a chave privada, essa pessoa poderá roubar todos seus fundos instantaneamente.

7.2 Estado

Agora que conhecemos o conjunto de todos os agentes, vamos definir um estado para o nosso blockchain.

Definição 7.2.1. *Um estado do SimpleCoin é uma função $E : V \to \mathbb{N}^2$, que para cada chave pública v associa um par (b_v, n_v), onde b_v (do inglês* balance*) é o saldo em moedas que possui o agente identificado por v. Enquanto n_v (do inglês* nonce*) representa o número de transações que esse agente já executou na rede.*

Muitas vezes é conveniente pensar no estado do SimpleCoin como uma tabela contendo o saldo e o número de trasações de cada agente:

Chave pública	Saldo	Número de transações executadas
247298...2279801	2000	4
673929...2938762	323	212
163468...0887890	199948	2
286558...3453331	0	0
	⋮	

Tabela 7.1: O estado do SimpleCoin

Observação 4. *Observe que o número de moedas é sempre um inteiro, o que levanta a dúvida de como são tratados valores fracionários. De fato eles não serão tratados. Podemos imaginar que cada unidade de SimpleCoin é indivisível e que por exemplo um dólar americano equivaleria a* 10^6 *SimpleCoins. Dessa forma nunca teremos necessidade prática de subdividir uma moeda de SimpleCoin.*

Observamos que os agentes que criam um par de chaves públicas e privadas não recebem um saldo inicial. Na verdade, se existisse um saldo inicial para todo novo participante, seria lucrativo alugar supercomputadores gerando chaves públicas e privadas em grande volume, somente para angarear os fundos iniciais. Por outro lado, como as carteiras recém-criadas não contém nenhum fundo, como são distribuídas as moedas inicialmente? Isso é o trabalho do Agente Especial.

Definiremos também um Agente Especial $(0,0)$ que obviamente não é válido no sentido anterior (pois 0 não pode ser nem uma chave pública, nem uma chave privada). Em particular, nenhum indivíduo será capaz de manusear as moedas do Agente Especial. Em diversas moedas criptográficas, esse Agente Especial é chamado de Mina e entenderemos em breve o por quê.

Tendo definido o Agente Especial, podemos agora incluí-lo na tabela do estado:

Chave pública	Saldo	Número de transações executadas
0	1123892374892	68398
247298...2279801	2000	4
673929...2938762	323	212
163468...0887890	199948	2
286558...3453331	0	0
	⋮	

Tabela 7.2: O Agente Especial incluído no estado.

Agora que definimos o Agente Especial, também podemos definir o estado inicial do sistema, caracterizado simplesmente por: todas as moedas começam em posse do Agente Especial. Essa alocação inicial de recursos será chamada de E_0.

Isso parece um pouco contraditório, pois acabamos de dizer que nenhum agente exterior pode agir em nome do Agente Especial (por não possuir uma chave privada correspondente à chave pública zero). Em breve ficará claro como iremos re-distribuir as moedas, inicialmente alocadas ao AE, para os demais usuários da rede. Mas primeiramente, vamos lembrar qual é o nosso objetivo.

7.3 Mineradores

Tendo definido o estado inicial E_0 do SimpleCoin, precisamos agora criar uma metodologia para evoluí-lo de maneira a preservar as seguinte características:

- descentralização - gostaríamos que nossa moeda não pudesse ser controlada por nenhum indivíduo ou grupo unilateralmente.
- consenso - também precisamos evitar uma situação anárquica, onde cada participante tenha uma opinião diferente sobre o atual estado do sistema.
- segurança - o processo de formação de consenso deve ser resiliente a ataques e tentativas de alterar saldos de maneira indevida e
- atividade - é extremamente importante que o sistema não se torne estático na tentativa de atingir segurança. Mais ainda, gostaríamos que nenhuma tentativa de transação fosse censurada.

Para construir tal sistema, precisamos de alguns agentes que ativamente buscam esse consenso. Tais agentes são chamados de *mineradores* e serão recompensados financeiramente (com SimpleCoins, é claro).

Por enquanto nada distingue um minerador de um usuário qualquer. Em outras palavras, os mineradores possuem pares (v, s_v) como todos os demais agentes. Porém, como veremos, eles terão como tarefa a manutenção da rede e serão pagos por isso.

7.4 Transações

Já definimos o estado e os mineradores, que são responsáveis por atualizar o estado com o passar do tempo. Mas ainda precisamos dizer como o estado se altera e isso se dará pelo que chamamos de transações.

Definição 7.4.1. *Uma quíntupla* $t = (v, n, u, r, c)$ *é chamada* transação crua, *onde*

- v *é o* endereço do remetente, *ou seja o agente que envia a transação,*
- n *é o* número de transações *que o remetente já realizou desde que começou a utilizar a rede SimpleCoin,*

- *u é o* endereço do beneficiário, *ou seja o agente que receberá a transferência,*
- *r é o* valor *a ser transferido e*
- *c corresponde à* tarifa *incluída nessa transação.*

Por exemplo, $t = (247298\ldots2279801, 5, 673929\ldots2938762, 1000, 16)$ significa que o agente cujo endereço corresponde a $247298\ldots2279801$ está realizando sua quinta transação, onde ele enviará 1000 SimpleCoins para o agente de endereço $673929\ldots2938762$, pagando uma tarifa de 16.

Observação 5. *Vamos comentar em mais detalhes alguns dos valores presentes em uma transação.*

a) A presença do número de transações n é importante para se evitar que as pessoas possam reutilizar uma mesma transação no futuro. Por exemplo, supondo que Alice transferiu 10 *SimpleCoins para Bob hoje com a transação t, seria impossível Bob tentar lançar novamente a mesma transação no futuro, pois t possui um número de transações que já estará desatualizado.*

b) A taxa c será paga ao minerador que incluir essa transação no blockchain. Obviamente ainda não definimos o que é um blockchain e muito menos o que significa incluir uma transação. Mas é importante perceber desde já que são os mineradores que são responsáveis por executar transações e que eles são recompensados por isso.

Vamos definir o que significa uma transação t ser assinada, como se assina por exemplo um cheque. Primeiramente, convertemos uma transação t em uma mensagem $g \in \{0, 1\}^*$. Isso pode ser feito facilmente em um computador, já que de fato tudo que existe em um computador já é armazenado em termos de uma sequência de zeros e uns.

Portanto, o remetente v da transação t pode assinar g com sua chave privada s_v e incluir a assinatura junto à transação t. Nesse caso dizemos que t é uma transação assinada.

Podemos agora perceber como é importante manter em sigilo a chave privada s_v, pois ela é utilizada para assinar transações (e consequentemente transferir fundos) em nome do agente cujo endereço é v.

7.5 Validação de transações

Transações podem obviamente ser inválidas, por exemplo se o remetente não possuir fundos suficientes para executá-la. Vamos definir o que é uma transação válida.

Definição 7.5.1. *Dado um estado E, uma transação assinada $t = (v, n, u, r, c)$, dizemos que o par (E, t) é válido se*

a) $n = n_v + 1$, *ou seja, se de fato n corresponde à próxima transação a ser realizada por v de acordo com E.*

b) $b_v \geqslant r + c$, *se de fato o agente v possui saldo suficiente (no estado E) para pagar o valor da transação r e a tarifa c correspondentes.*

c) e obviamente se a assinatura de t é uma assinatura válida para o usuário v.

7.6 Atualizando o Estado

Agora que definimos transações e entendemos como validá-las, podemos introduzir a metodologia que será usada para atualizarmos o estado do blockchain ao longo do tempo.

Seja E um estado, $t = (v, n, u, r, c)$ uma transação e $\bar{v}$ um minerador. Vamos agora definir o estado atualizado E' que corresponde a E após a inclusão da trasanção t pelo minerador $\bar{v}$. Isso se dará nos seguintes passos

a) Valide a transação como descrito na seção anterior. Se ela não for válida, não faremos nada ($E' = E$).

b) Caso t for válida, alteramos E de forma a obter E' da seguinte forma

$$
\begin{aligned}
&b_v \to b_v - r - c \text{ (subtraimos o valor e a tarifa do saldo de } v),\\
&v_u \to b_u + r \text{ (adicionamos o valor de } t \text{ ao saldo de } u),\\
&b_{\bar{v}} \to b_{\bar{v}} + c, \text{ (adicionamos a tarifa ao saldo do minerador)},\\
&n_v \to n_v + 1, \text{ (adicionamos um ao número de transações de } v).
\end{aligned}
$$

A descrição que demos acima já parece suficiente para o bom funcionamento do sistema, mas não resolve o problema que já discutimos de como redistribuir os valores que estavam iniciamente alocados ao Agente Especial.

Para tanto, além das alterações descritas acima, vamos realizar algumas alterações condicionais. Se $b_0 > 100000000$ (ou seja, se o Agente Especial tem pelo menos 100000000 moedas), então

$$
\begin{aligned}
&b_0 \to b_0 - 100000000, \text{ (subtraimos essas moedas do Agente Especial)},\\
&b_{\bar{v}} \to b_{\bar{v}} + 100000000, \text{ (adicionamos essas moedas ao saldo do minerador) e}\\
&n_0 \to n_0 + 1 \text{ (incrementamos o número de transações do Agente Especial)}.
\end{aligned}
$$

Precisamos agora fazer uma pausa para discutir as atualizações condicionais descritas acima. Essencialmente, o que estamos dizendo é que se ainda existem pelo menos 100000000 moedas na mina (um outro nome para o Agente Especial), então o minerador irá ganhar 100000000 moedas extra provenientes da mina.

Essa regra adicional possui duas motivações.

1. Isso resolve o nosso problema da distribuição inicial de recursos, pois colocamos todas as moedas na mina e no início os mineradores podem incluir transações triviais (com $r = c = 0$) à partir de suas próprias carteiras, somente para obter dinheiro da mina. Com o passar do tempo, diversas pessoas (que pelo menos uma vez já atuaram como mineradores) terão um acúmulo de moedas que poderão ser trasferidas livremente para outras pessoas, por exemplo em pagamento a seriços prestados.

2. Além de resolver o problema da distribuição inicial de recursos, a mina serve para estimular que diversas pessoas atuem como mineradores na fase inicial da rede, pois em um primeiro momento existem poucos usuários e o valor obtido em tarifas durante a mineração pode ser muito pequeno. Acredita-se que quando o montante inicial na mina se esgotar, já haverá gente suficiente usando a moeda para sustentar uma rede segura de mineradores, trabalhando somente para coletar as tarifas de cada trasação.

7.7 Os problemas a serem resolvidos

Temos já um esboço de sistema financeiro e temos já uma esperança de definir uma moeda descentralizada. Começamos com um estado E_0 que aloca todas as moedas para um Agente Especial e com o passar do tempo novas trasações são incluidas por mineradores que são recompensados por seu trabalho.

Em um mundo ideal, a evolução do estado do sistema seria representada pelo seguinte diagrama:

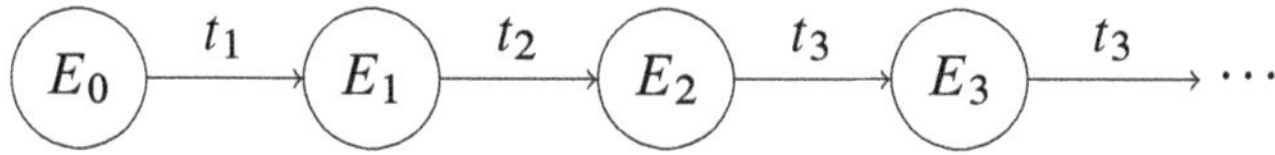

Existem porém dois problemas com os quais ainda temos que lidar.

Primeiramente, existe uma competição entre os mineradores que querem receber suas recompensas por incluir transações. Em função dessa competição, eles estariam dispostos a processar transações muito rápido. Mais ainda pior, uma excelente estratégia para os mineradores seria criar transações triviais ($r =$

$c = 0$) em grande velocidade e incluí-las apenas para recolher os fundos da mina, que rapidamente se esgotaria. Essa corrida terminaria certamente em um desacordo entre mineradores sobre quem foi o primeiro a incluir dezenas de milhares de transações. Esse problema já nos aponta para o uso de Proof of Work, mas ainda temos que escolher melhor os detalhes desse procedimento.

O segundo problema, ainda mais grave, é chamado de *gasto duplicado*. Digamos que fosse possível resolver o primeiro problema e que transações fossem processadas em quantidades razoáveis. Resta ainda a tarefa de decidir entre histórias conflitantes.

Para ilustrar esse problema, digamos que Alice possua 10 SimpleCoins, entre em uma pizzaria e compre uma pizza usando todo o seu saldo (transação t). Imediatamente depois de pagar a conta, a Alice entra em uma bar e compra um café usando os mesmos 10 SimpleCoins que foram gastos anteriormente (transação t'). Tanto o dono da pizzaria como a proprietária do bar possuem uma transação assinada por Alice, mas apenas uma delas pode ser válida. Para ilustrar melhor esse contexto em termos de trasações, considere o seguinte diagrama:

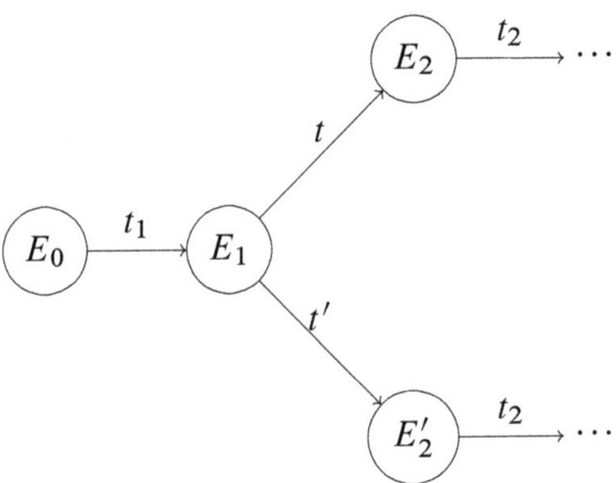

Nesse momento, talvez o grupo de mineradores se divida entre os que acham que a transação t voi processada antes (nesse caso o dono da pizzaria possui 10 Simplecoins e t' não pode ser validada) e aqueles que acham que t' foi processada antes (e portanto a dona do bar possui 10 SimpleCoins e t não é considerada válida). Essas duas possíveis histórias ($E_1, E_2, \ldots$ e $E'_1, E'_2, \ldots$) nunca serão reconciliáveis e temos uma divisão da nossa moeda em duas.

Pior ainda, como estamos tentando desenvolver uma moeda criptográfica descentralizada, cada um dos milhares de computadores envolvidos na manutenção do SimpleCoin terá seu próprio estado e história. De forma que temos que buscar um método bastante eficiente de atingir consenso, senão terminaremos não com duas mas com milhares de histórias incompatíveis, o que tornaria nossa moeda inútil.

7.8 Blockchain

Agora que já explicamos o principal problema que gostaríamos de resolver, a falta de consenso, podemos introduzir finalmente o algoritmo de blockchain.

Vamos manter em mente a figura abaixo, que muito se assemelha ao que haviamos discutido anteriormente:

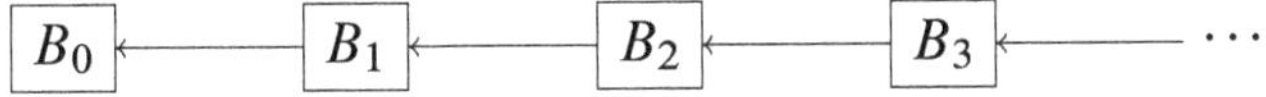

Figura 7.1: Ilustração pictórica da cadeia de blocos.

A única coisa que fizemos foi trocar a cadeia de estados por uma cadeia de blocos (daí o nome blockchain). Além disso trocamos a direção das setas, por razões que ficarão claras posteriormente.

Obviamente, trocar círculos por retângulos não resolverá os problemas citados acima. Vamos portanto descrever em tetalhes quais são as reais mudanças que vamos introduzir, como por exemplo, qual é o conteúdo de cada bloco, como eles são construídos e como essa nova especificação ajuda na construção de consenso.

Vamos começar descrevendo o conteúdo de cada bloco. Mais precisamente, cada bloco b é uma tupla contendo: o hash do pai, suas transações, o hash do novo estado, seu momento de nascimento, a dificuldade e seu Proof of Work. Temos vários termos para explicar e vamos fazê-lo isso em detalhe, mas primeiramente vamos colocar um exemplo fictício de bloco na Tabela 7.3.

Hash do Bloco Pai	2348974...2348798
Endereço do Minerador	1938400...7466273
Transações	$t_1, t_2, \ldots, t_k$
Hash do Novo Estado	2830598...2736451
Momento de Nascimento	7 de fevereiro de 2018, 22:32:17
Dificuldae	343098...2638882
Proof of Work	0110100100...11101

Tabela 7.3: Um exemplo de bloco

Vamos fazer uma série de comentários, incluindo também uma descrição mais detalhada de cada um dos ítens que compôem um bloco.

- O primeiro bloco a ser criado é chamado *Gênesis*. Ele tem como Hash do Pai o número zero (que não é um hash válido) e não possui nenhuma transação. Esse bloco é parte integrante do próprio protocolo, de forma que não existe divergência de opiniões sobre qual é o Bloco Gênesis.

- Todos os demais blocos possuem um "pai", ou seja um bloco previamente criado e sobre o qual iremos aplicar novas transações. Essa estrutura de paternidade que nos permite afirmar que o grafo de todos os blocos é uma árvore[1], onde cada filho aponta para seu pai. A forma com a qual registramos e comunicamos a estrutura de grafos que existe sobre os blocos é através da variável Hash do Pai, presente em cada bloco. Essa variável é simplesmente o hash de todo o conteúdo do bloco pai (inclusive Proof of Work), como o nome sugere.

- Como cada bloco deve ser gerado por um minerador, é natural que o endereço (ou chave pública daquele minerador) seja incluida no bloco.

- O conjunto de Transações em cada bloco é uma lista de tamanho n fixo. A escolha desse parâmetro traz um impacto grande nas propriedades do blockchain. Se o tamanho for pequeno, qualquer computador de consumo é capaz de verificar as transações do blockchain, aumentando assim a descentralização. Por outro lado, se o tamanho do bloco for muito grande, as tarifas típicas de cada transação podem diminuir bastante sem uma redução da recompensa dos mineradores. Porém, nesse caso a verificação do blockchain se torna uma exclusividade de empresas especializadas, diminuindo a descentralização. Essa escolha é bastante polêmica e gerou uma divisão no grupo de desenvolvedores do Bitcoin, dando origem ao Bitocoin Cash.

- O Hash do Novo Estado é usado simplesmente para evitar que as pessoas tenham qualquer divergênca sobre o atual estado do blockchain. Na verdade, como nossa moeda criptográfica é apenas um protocolo, podem (e devem) existir diversas implementações desse protocolo (em diversas linguagens de programação) que sejam compatíveis. Nesse caso é sempre bom que exista uma garantia criptográfica de que essas diversas implementações, sendo executadas em diversas arquiteturas diferentes, sempre estão em acordo sobre o atual estado do sistema.

- O Momento de Nascimento é simplesmente o tempo em que o bloco foi criado. Isso será essencial no decorrer da especificação do SimpleCoin.

---

[1]Um gráfo é dito ser uma árvore se ele é conexo e não possui ciclos.

- A Dificuldade é um parâmetro do bloco que diz respeito ao Proof of Work que garante que um certo esforço foi feito na criação desse bloco. Isso será discutido em maiores detalhes abaixo.

Exercício 7.8.1. *Mostre que construir um ciclo de paternidade entre os blocos é essencialmente tão difícil quanto encontrar uma colisão para o hash utilizado.*

7.9 Validação de blocos

Podemos agora descrever como é feita a validação de um bloco por nó da rede. Suponha que Bob gostaria de verificar um bloco.

- Primeiramente Bob verifica se o Momento de Nascimento do bloco é um momento passado. Se o bloco possui um Momento de Nascimento futuro, ele é considerado um bloco inválido.

- Depois Bob verifica se o bloco possui um Hash do Pai válido. Mais precisamente, Bob verifica se ele possui um bloco válido com tal hash, de forma que ele possa ser chamado de pai.

- Se o Endereço do Minerador nunca foi visto antes por Bob, ele deve ser incluido na lista de Agentes.

- Somente então Bob verifica se o número de transações está correto e ele verifica a validade de cada uma das transações do bloco. Isso é feito seguindo a ordem com a qual as trasações aparecem no bloco e é feito à partir do estado do bloco pai (que assumimos já estar bem definido).

- Tendo executado todas as trasações, Bob pode verificar se o Hash do Novo estado está correto.

- Agora é o momento de verificar se a Dificuldade do bloco foi calculada de maneira correta, o que é feito da seguinte maneira. Se denotamos por d_p a dificuldade do bloco pai e por Δt a diferença de Momento de Nascimento entre o pai e o bloco sendo verificado, então a nova Dificuldade é dada por

$$d = \begin{cases} d_p \times 1.1, & \text{se } \Delta t \leqslant 10 \text{ segundos e} \\ d_p \times 0.9, & \text{se } \Delta t > 10 \text{ segundos.} \end{cases} \tag{7.1}$$

  Vamos discutir abaixo a razão da escolha dessa fórmula. Mas por agora basta observar que Bob tem todas as informações para verificar que a Dificuldade de um bloco foi calculada de maneira correta.

- Finamente verificamos se o Proof of Work foi executado de maneira correta. A variável Proof of Work é simplesmente um sufixo $s \in \{0,1\}^{\mathbb{N}}$. Para verificar esse sufixo, primeiramente vamos representar por $g \in \{0,1\}^{\mathbb{N}}$ todo o conteúdo do bloco, incluindo todas suas variáveis exceto o próprio PoW. Sendo portanto g o conteúdo do bloco e d sua dificuldade, Bob verifica se $H(gs) \leqslant d$, onde gs como de costume representa a concatenação do conteúdo g do bloco com o seu Proof of Work s. Em outras palavras, estamos verificando se o minerador que produziu aquele bloco de fato desprendeu o esforço que era esperado, de acordo com a Dificuldade.

Vamos fazer um breve comentário sobre a fórmula que define a difuculdade do bloco. O SimpleCoin foi desenvolvido para se obter, a grosso modo, um bloco a cada dez segundos. Supoonha por exemplo que estamos aguardando que um novo bloco seja produzido. Se esse processo começar a demorar muito (no nosso caso, mais do que dez segundos) então podemos aceitar blocos com uma dificuldade um pouco menor.

Dessa maneira a dificuldade se ajusta automaticamente para que a produção de blocos sempre orbite em torno de dez segundos. Note também que essa fórmula se ajusta bem a um possível aumento do número de mineradores. Suponha por exemplo que o interesse por SimpleCoin aumente de repente e várias pessoas passem a usar seus comuptadores para o processo de mineração. De repente, os blocos serão produzidos em intervalos menores e gradativamente a dificuldade aumentará até compensar o aumento de mineradores.

Atualmente, apenas o custo energético de se minerar um bloco do Bitcoin gira em torno de três mil dólares (dados de 2019), isso sem considerar o custo em termos do equipamento e mão de obra especializados que é necessário para fazê-lo. Isso mostra que o PoW já está bastante difícil para a rede Bitcoin e também que apenas grandes empresas podem oferecer esse tipo de serviço à rede.

É muito importante também observar que depois que um bloco foi "minerado", ou seja algum minerador produziu um bloco com o devido PoW, não podemos "roubar" o bloco do seu legítmo minerador. Ou em outras palavras, não alterar o Endereço do Minerador indicado no bloco de forma a nos beneficiar. De fato, alterar o Endereço do Minerador (ou qualquer outro conteúdo do bloco) invalida o PoW que foi tão difícil de ser obtido.

7.10 Detalhes operacionais

Antes de explicar em maiores detalhes como os mineradores devem agir em situações complicadas como por exemplo ao detectarem um "gasto duplicado", precisamos explicar alguns detalhes sobre como se dá a comunicação entre os participantes da rede SimpleCoin.

Primeiramente, vamos fazer uma breve introdução a redes de ponto a ponto (também chamadas redes P2P) que são utilizadas em diversos protocolos descentralizados. Por exemplo, o protocolo Torrent é uma rede P2P de compartilhamento de arquivos e portanto não possui um servidor central. Isso faz com que seja tão difícil de censurar a rede Torrent, mas também impôe algumas complicações de implementação.

Não vamos explicar como redes P2P funcionam em detalhes, pois isso escaparia do objetivo dessas notas. Mas iremos descrever quais são as propriedades que essas redes nos garantem.

Ao formarmos uma rede P2P, diversos computadores se comunicam diretamente (ou seja, sem intermédio de um servidor) para se comunicar e compartilhar dados. A propriedade mais importante dessa rede é que: se muitos usuários quiserem disponibilizar uma determinada informação, então é extremamente difícil de impedir sua obtenção.

Para o SimpleCoin, criaremos duas redes P2P distintas:

a) **Rede de Transações** - é uma rede P2P onde pessoas disponibilizam transações assinadas mas ainda não incluídas em nenhum bloco. Por exemplo, se quisermos enviar uma transação ao blockchain, precisamos primeiramente assinar a trasação e depois divulgá-la na Rede de Transações. Todos os usuários que estiverem executando do programa SimpleCoin e receberem uma transação válida, irão ajudar a divulgá-la, oferecendo-a nesta rede P2P. Depois que uma transação é processada e incluida, ela pode ser retirada da Rede de Transações para evitar congestionamento.

b) **Rede de Blocos** - essa rede P2P armazena todos os blocos cujo PoW foi realizado de maneira bem sucedida. Mineradores que obtiverem um PoW com sucesso devem enviar seu bloco o mais rápido possível para a Rede de Blocos. Enquanto todos os usuários executando SimpleCoin que receberem um bloco válido e recente devem divulgá-lo e oferecê-lo.

Note que a Rede de Transações não cresce muito com o tempo, pois assim que uma transação é incluida em um bloco ela é retirada dessa rede. Por outro lado, a Rede de Blocos cresce com o tempo, pois toda á história de transações deve ser disponibilizada nessa rede para sempre.

É por esse motivo que executar um programa de blockchain exige um tempo grande de "sincronização", no qual toda a história (desde o Gênesis) é obtida na Rede de Blocos até que se chegue nos blocos mais recentes para que possamos calcular o atual estado do sistema e consequentemente o saldo dos agentes.

7.11 Produção de blocos

Finalmente podemos definir o último ingrediente do protocolo SimpleCoin: o procedimento de produção de blocos. Esse ingrediente é o que garante a estabilidade da rede e nos permite evitar gastos duplicados.

Na Tabela 7.3, podemos visualizar todas as informações necessárias para que um minerador produza um novo bloco. Algumas dessas informações serão óbvias de se preencher, outras exigirão uma discussão.

a) Hash do Bloco Pai - Veja discussão abaixo.

b) Endereço do Minerador - Basta preencher com o próprio endereço do minerador, ou onde ele/ela gostaria de depositar as tarifas recolhidas, assim como o valor obtido da mina.

c) Transações - O minerador deve obter todas as transações assinadas que estiverem disponíveis na Rede de Transações. Se houver uma quantidade maior do que o limite de transações permitidas em um bloco, o minerador deve escolher primeiramente as que oferecem maiores tarifas.

d) Hash do Novo Estado - Veja discussão abaixo.

e) Dificuldade - A fórmula para o cálculo da dificuldade foi apresentada em (7.1).

f) Proof of Work - Veja também discussão abaixo.

Vemos que alguns dos campos a serem preenchidos para a construção de um bloco são simples de se obter, enquanto: o Hash do Bloco Pai, o Hash do Novo Etado e o Proof of Work exigem uma maior dicussão.

Contudo, apenas escolher quem será o bloco pai à partir do qual iremos minerar exige uma discussão maior (como faremos abaixo). Depois de escolhido o bloco pai os outros parâmetros também serão fáceis de se obter. De fato, suponha por um momento que já escolhemos um bloco B que será o pai à partir do qual iremos tentar criar um novo bloco.

Nesse caso, obviamente já sabemos qual é o Hash do Bloco Pai e também o estado E anterior do blockchain. Já tendo também escolhido as trasanções que entrarão nesse bloco, podemos processá-las, atualizando assim o estado, donde podemos calcular o Hash do Novo Estado.

Finalmente, podemos prosseguir na tarefa mais custosa da produção de um bloco, que é o cálculo de um Proof of Work que o valide.

Observação 6. *Observe que de tempos em tempos temos que verificar se novos blocos foram produzidos por outros mineradorese e inseridos na Rede de*

Blocos, ou se novas trasações assinadas foram colocadas na Rede de Transações. Se for esse o caso, devemos repetir todo o procedimento acima para não ficarmos parados no tempo.

Finalmente, a única coisa que nos resta especificar é como escolhemos o bloco pai à partir do qual iremos minerar.

Para isso, vamos considerar uma situação hipotética, mas bastante comum no processamento de redes descentralizadas. Suponha por exemplo que acabamos de iniciar nossa rede e apenas um bloco foi minerado, tendo o Bloco Gênesis como pai. Podemos ilustrar a atual situação na Figura 7.2.

Figura 7.2: Início do procoesso de mineração.

Nesse momento, o minerador do bloco B_1 já possui um saldo positivo, proveniente da mineração. Digamos por exemplo que ele assina duas transações t e t', transferindo seu saldo para dois endereços diferentes (podemos imaginar que esse minerador está tentando realizar um gasto duplicado).

Nesse momento, outros mineradores desavisados (v e v') conseguem gerar novo blocos (B_2 e B_2'), ambos tendo B_1 como pai e incluindo respectivamente as trasações t e t'. Veja a Figura 8.2 para uma representação dessa situação.

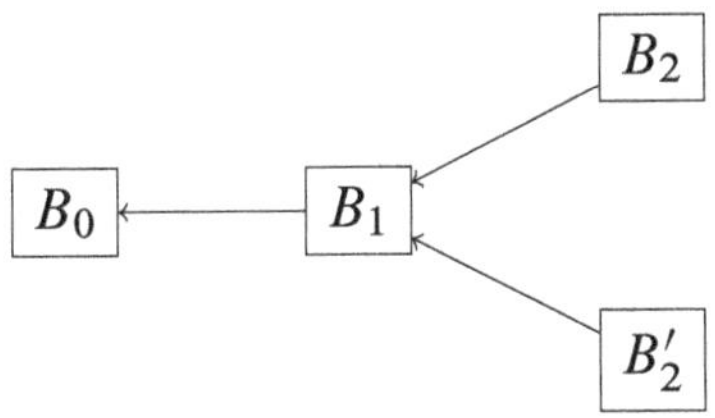

Figura 7.3: Dois mineradores criam blocos com transações incopatíveis.

Digamos finalmente que um terceiro minerador de SimpleCoin não tenha percebido a existência do bloco B_2' e tenha produzido um bloco B_3 apontando para B_2, como na Figura 7.4.

Estamos nos colocando no papel de uma minerador que acabou de obter blocos B_1, B_2, B_2' e B_3 na Rede de Bloco e gostaria de decidir qual deve ser o bloco pai sobre o qual ele tentará minerar. É natural que o bloco B_3 seja escolhido, pois ele é o bloco que inclui maior profundidade, que corelaciona com quantidade de trabalho exercida.

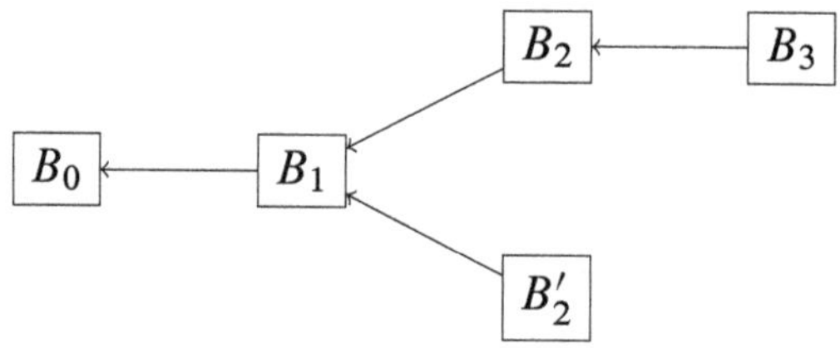

Figura 7.4: Dois mineradores criam blocos com transações incopatíveis.

Definição 7.11.1 (Forking Rule). *Sempre que apresentado com um conjunto de blocos válidos, um minerador deverá começar a minerar à partir do bloco mais profundo já encontrado. Em caso de empate (por exemplo entre B_2 e B'_2), o minerador poderá escolher arbitrariamente.*

Note que a maioria dos blockchains utiliza um outro procedimento para a escolha de blocos, mas o procedimento acima já é suficiente para promover a segurança da rede.

Finalmente, como já temos uma maneira de escolher o bloco pai, já temos toda a especificação do minerador e consequentemente podemos desenvolver o código de referência que define o SimpleCoin.

7.12 Reorganização e gastos duplicados

Vamos agora discutir brevemente as implicações do Forking Rule (introduzido na Definição 7.11.1) na formação da história de um blockchain.

Observe que é perfeitamente possível que duas histórias paralelas se formem durante a formação dos blocos do SimleCoin. Primeiramente por acidente, pois mesmo que todos os mineradores sigam as instruções indicadas acima, é possível que atraso de comunicação faça com que grupos diferentes de mineradores considerem histórias paralelas como as verdadeiras.

Mas à partir do momento em que a conexão se reestabeleça, a história mais profunda irá indicar qual deve ser o ramo da árvore que os mineradores devem tomar.

Esse tipo de situação é denotado por *Reorganização*. Quando um determinado trecho da história dos blocos de repente se torna menos profundo que um outro trecho, ele pode ser ultrapassado para sempre, veja Figura 7.5

Quando esses eventos ocorrem, as trasações que pertenciam ao ramo reorganizado podem não ser mais válidas e portanto nunca serão mineradas. Portanto tais transações não participarão da história do SimpleCoin, prejudicando seus beneficiários.

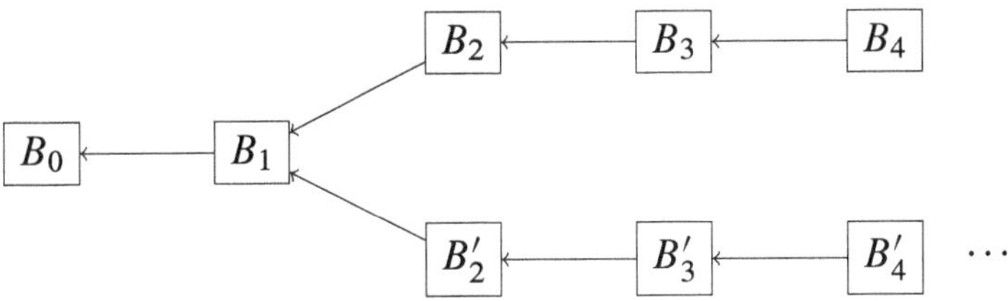

Figura 7.5: Com o cresimento do ramo inferior, o ramo superior não continuará a crescer. Dizemos que o ramo superior foi reorganizado.

Esse é o tipo de evento que gostaríamos de evitar, pois se criados de maneira proposital levam ao problema de Gastos Duplicados.

O que veremos no capítulo seguinte é que com alta probabilidade, se todos os mineradores agirem em seu próprio interesse, as reorganizações serão mínimas (improváveis e de pequena profundidade).

Para exemplificar, observe que a maior reorganização que já ocorreu no Bitcoin possui seis blocos de profundidade e foi ocasionada por um bug no sorfware. Portanto, o que se aconselha antes de considerar uma transação como confirmada é que ela esteja a pelo menos seis níveis de profundidade (isto é, seis níveis abaixo do ramo mais profundo no qual ela não foi incluída).

Ajustando a profundidade (seis) no procedimento acima, podemos regular o nível de risco que estamos dispostos a aceitar na nossa rede (referente à possibilidade de uma reorganização).

Estabilidade do consenso

Esse capítulo é dedicado a mostrar a estabilidade do algoritmo de blockchain baseado em Proof of Work que foi descrito no capítulo anterior. Utilizaremos para tal uma análise baseada em Teoria de Jogos que é utilizada com grande sucesso em Economia Matemática. Mas vamos primeiramente tentar entender a razão pela qual precisamos utilizar Teoria de Jogos para estudar a estabilidade de blockchains.

Já descrevemos em detalhes o altoritmo que será utilizado (pelo menos inicialmente) pelos usuários do SimpleCoin, de agora pra frente denotaremos tal algoritmo como *implementação de referência*. Obviamente, nossa vida se tornaria muito mais fácil se pudéssemos garantir que todos os usuários executarão nosso programa sem nenhuma alteração, nesse caso até um algoritmo mais simples do que aquele descrito anteriormente já bastaria para obter consenso descentralizado.

Porém, à partir do momento que colocamos incentivos financeiros para motivar uma boa manutenção da rede, também abrimos a possibilidade de que agentes alterem nossa implementação de referência (ou até mesmo criem suas próprias implementações à partir do zero) a fim de maximizar seus ganhos, ou até mesmo pura e simplesmente para atacar e desetabilizar a rede.

Esse tipo de cenário se encaixa perfeitamente no estudo de Teoria de Jogos, pois temos um certo número de "jogadores", agindo em interesse próprio, mas submetidos às regras iniciais de um jogo que foram estabelecidas por nós. O objetivo desse capítulo é mostrar que os agentes não terão interesse econômico em fazer grandes alterações na nossa implementação de referência, o que descreveremos de maneira mais precisa usando o conceito de Equilíbrio de Nash.

Observação 7. *Vale a pena observar que nossa análise será baseada em um conjunto grande de hipóteses e que, à medida que tornamos nossas hipóteses mais realísticas, fica mais e mais difícil mostrar a estabilidade do sistema. De fato, existem muitos trabalhos nessa direção e além disso a prática tem mostrado que não existem ataques simples ao algoritmo de blockchain baseado em Proof of Work.*

Uma prova disso é que nenhum grande ataque foi feito ao Bitcoin desde sua criação em 2009, apesar de que um grande valor financeiro poderia ser obtido com um tal ataque.

8.1 Equilíbrio de Nash

Vamos primeiramente descrever de maneira bastante breve (e talvez simplificada demais) o que se entende por um jogo e um Equilíbrio de Nash na Teoria de Jogos.

Fixado um número $N \geqslant 2$ de jogadores, um jogo é determinado por um conjunto de estratégias para cada jogador, $S_1, \ldots, S_N$ e um conjunto de funções funções

$$u_i : S_1 \times \cdots \times S_N \to \mathbb{R}, \text{ para } i = 1, \ldots, N. \tag{8.1}$$

Intuitivamente, $u_i(s_1, \ldots, s_N)$ nos fornece o retorno que o jogador i obtém quando a estratégia de cada jogador j é s_j, para $j = 1, \ldots, N$.

Vamos dar alguns exemplos de jogos conhecidos, formulados da maneira acima:

- "Par ou ímpar": $N = 2$, $S_1 = S_2 = \mathbb{Z}_2$ e
$$u_1(s_1, s_2) = 1 - u_2(s_1, s_2) = s_1 + s_2 \mod 2. \tag{8.2}$$
- "Pedra, papel e tesoura": $N = 2$, $S_1 = S_2 = \mathbb{Z}_3$ e
$$u_1(s_1, s_2) = 1 - u_2(s_1, s_2) = 1_{[s_1+s_2=1 \text{ mod } 3]} - 1_{[s_1+s_2=2 \text{ mod } 3]}. \tag{8.3}$$
- "Divisão do bolo": $N = 2$, $S_1 = [0, 1]$, $S_2 = \{s; s : [0, 1] \to \{1, 2\}\}$ e
$$u_1(s_1, s_2) = 1 - u_2(s_1, s_2) = (1 - s_1) 1_{[s_2(s_1)=1]} + s_1 1_{[s_2(s_1)=2]}. \tag{8.4}$$
- "Dilema dos prisioneiros": $N = 2$, $S_1 = S_2 = \{0, 1\}$,
$$u_1(s_1, s_2) = 1_{s_1=s_2=0} - 10 \cdot 1_{s_1=0, s_2=1} + 3 \cdot 1_{s_1=1, s_2=0} - 3 \cdot 1_{s_1=s_2=1}, \tag{8.5}$$
enquanto $u_2(s_1, s_2) = u_1(s_2, s_1)$.

Tente pensar um pouco sobre os jogos introduzidos acima, para se familiarizar um pouco com as definições.

Dado um jogo como estes, gostaríamos de tentar obter estratégias ótimas ou situações que em algum sentido estejam em equilíbrio.

Por exemplo, no caso do Dilema dos Prisioneiros é fácil ver que a estratégia 1 é ótima, independentemente do que faz o outro jogador (mesmo que de fato o par de estratégias $(1, 1)$ não corresponda a um grande retorno, daí o “dilema”). Também no caso do jogo Divisão do Bolo, podemos calcular

$$u_2(s_1, s_2) = s_1 1_{[s_2(s_1)=1]} + (1 - s_1) 1_{[s_2(s_1)=2]}. \tag{8.6}$$

Portanto, fixado s_1, o segundo jogador pode maximizar seu valor escolhendo

$$s_2(x) = \begin{cases} 1, & \text{se } x \geqslant 1/2, \\ 2, & \text{caso contrário.} \end{cases} \tag{8.7}$$

Como a função acima não depende de s_1, podemos escolher $s_2 = 1 + 1_{[s_1 < 1/2]}$ que será uma estratégia ótima, independentemente do que faça o primeiro jogador.

Contudo, nem sempre é possível definir uma estratégia ótima global como nos casos acima.

Primeiramente, vale a pena observar que alguns jogos simplesmente não possuem estratégias ótimas, como fica claro por exemplo nos jogos de “Par ou ímpar” ou “Pedra, papel e tesoura”. Uma maneira de ver isso é observar que todas as estratégias desses jogos podem ser derrotadas por uma outra estratégia do adversário.

Observação 8. *Uma maneira matematicamente mais conveniente de se modelar tais jogos seria pensar em termos de probabilidade de jogar uma determinada estratégia. No caso do “Par ou ímpar” por exemplo, isso poderia ser modelado usando* $N = 2$, $S_1 = S_2 = [0, 1]$ *(representando a probabilidade de se jogar um determinado valor) e*

$$u_1(s_1, s_2) = 1 - u_2(s_1, s_2) = u_1 u_2 + (1 - u_2)(1 - u_2). \tag{8.8}$$

Esse tipo de análise probabilística é chamada em Teoria de Jogos de estratégias mixtas, *mas não iremos tratar desse tema em profundidade aqui.*

Sem querer entrar em muitos detalhes do amplo campo de Teoria de Jogos, vamos introduzir o conceito de Equlíbrio de Nash, que nos permite estudar mais a fundo diversas situações de conflitos de interesse como as descritas acima.

Definição 8.1.1. *Dados $N = 2$, S_1, S_2, u_1 e u_2 definindo um jogo, dizemos que um par de estratégias (s_1, s_2) constitui um* equilíbrio de Nash *se*

$$\begin{aligned} u_1(s, s_2) &\leqslant u_1(s_1, s_2), \text{ para todo } s \in S_1 \text{ e} \\ u_2(s_1, s) &\leqslant u_2(s_1, s_2), \text{ para todo } s \in S_2. \end{aligned} \tag{8.9}$$

Em outras palavras, (s_1, s_2) é um equilíbrio se nenhum dos jogadores tiver interesse em modificar sua estratégia sozinho.

Observação 9. *Seguem algumas observações sobre a definição acima.*

- *O conceito acima está apenas definido para um par de estratégias (s_1, s_2). Portanto, não faz sentido dizer que s_1 é um equilíbrio de Nash.*
- *Um equilíbrio de Nash não é determinado pelo máximo das funções u_1, nem u_2, como pode ser observado no caso do Dilema dos Prisioneiros.*
- *Apesar de que apresentamos o conceito de equilíbrio apenas para jogos de dois jogadores ($N = 2$), a definição se extende de maneira simples para qualquer N.*

8.2 O Modelo de ataque do blockchain

Assim como foi feito no nosso breve estudo de criptografia, precisamos também definir um modelo de ataque se quisermos analisar de maneira mais rigorosa a estabilidade do protocolo de blockchain.

Primeiramente, uma grande simplificação que faremos é supor que todas as redes de comunicação P2P (redes de Blocos e de Transações) que utilizamos oferecem comunicação instantânea. Isso quer dizer que todos os dados inseridos na rede estarão imediatamente disponíveis para todos os demais participantes do protocolo. Uma suposição mais realística seria que existe um atraso entre o momento em que colocamos os dados na rede e quando que ele se torna disponível. Existem analises mais refinadas da estabilidade de blockchains com Proof of Work que levam esse atraso em consideração.

Como já foi dito, gostaríamos de utilizar Teoria de Jogos para estudar a estabilidade de um blockchain, mas como isso pode ser feito? Intuitivamente, quando distribuimos o software referência que implementa nosso protocolo como descrito acima, estamos sugerindo uma estratégia para todos os mineradores.

Mas como já dissemos, qualquer minerador pode alterar nossa implementação de referência, o que equivale a escolher uma estratégia diferente. O que gostaríamos de mostrar é que cada minerador individualmente não terá interesse econômico em fazê-lo. Felizmente, essa discussão nos lembra bastante o conceito de Equilíbrio de Nash.

Nesse momento, precisamos definir o que é uma estratégia de mineração exatamente, pois gostaríamos de trabalhar com um espaço simples de estratégias possíveis e não com o espaço de todos os programas de computador que um minerador poderia executar em sua máquina.

Vamos simplificar bastante o modelo portanto, assumindo que a única liberdade que o minerador possui é a de escolher o bloco pai à partir do qual ele tentará minerar.

Observação 10. *Essa simplificação esconde outras possíveis estratégias que o minerador poderia usar, tais como a mineração secreta (onde o minerador não revela blocos que ele foi capaz de obter). Existem trabalhos interessantes que levam em consideração essas modificações. Mas por hora vamos nos contentar com essa simplificação, que já é de fato razoavelmente realística.*

Ainda no esforço de melhor definir o espaço de estratégias, vamos tentar entender como pode se beneficiar um minerador que decida desviar do protocolo canônico (segundo o qual devemos minerar à partir do bloco mais profundo).

A resposta para essa pergunta está diretamente relacionada com o problema que blockchains tentam resolver: o gasto duplicado. Se um minerador evitar a estratégia referência e com isso for capaz de alterar a história aceita por todos, ele também seria a princípio capaz de reverter uma trasferência que ele fez no passado. Isso efetivamente permite que ele gaste diversas vezes as mesmas moedas, deixando alguns dos beneficiários sem nada.

Vamos tomar um exemplo concreto, com o seguinte histórico de blocos:

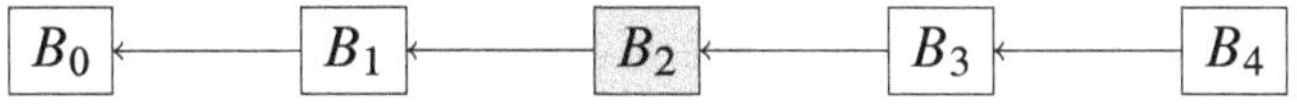

Figura 8.1: Supomos que no bloco B_2 o minerador fez uma grande transferência de fundos e ele gostaria de atacar a rede revertendo essa transferência.

Assumindo que no bloco B_2 o minerador fez uma grande transferência, a princípio ele poderia tentar revertê-la minerando à partir do bloco B_1 uma história alternativa, como na Figura 8.2

Suponha que como na Figura 8.2, uma reorganização foi obtida e uma história alternativa foi criada pelo minerador desonesto. À partir desse momento, todos os mineradores que seguem o protocolo de referência irão passar a minerar no topo do bloco B'_5 pois isso é o que determina o nosso Forking Rule. Nesse caso dizemos que o ataque de gasto duplicado foi bem sucedido.

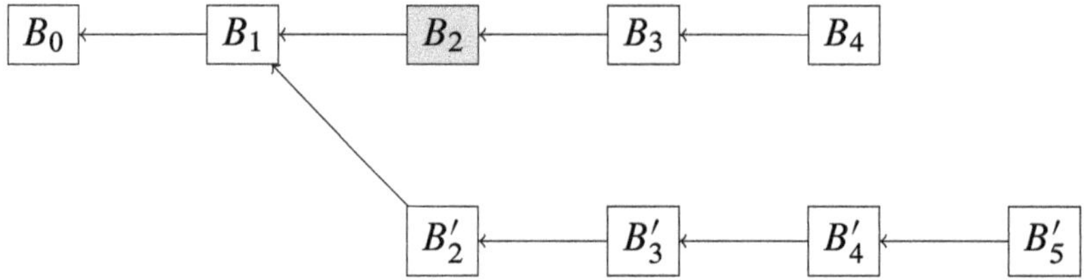

Figura 8.2: O minerador desonesto foi bem sucedido em seu ataque e foi capaz de reorganizar a história. Isso efetivamente elimina a sua transação que foi incluída no bloco B_2 e permite que esse valor seja gasto novamente.

Observação 11. *Nesse momento é tentador sugerir que os mineradores honestos não aceitem o ramo $B'_2, \ldots, B'_5$, já que tudo indica que se trata de um ataque. Porém, tentar criar regras secundárias como essa gera problemas ainda maiores. De fato, se mudamos o Forking Rule de uma determinada maneira, nós permitimos que novos ataques utilizem essa alteração (por exemplo, tentando fazer com que os mineradores honestos acreditem que a história legítima é de fato um ataque).*

Temos também que lembrar que a rede do blockchain é composta de nós que não estão em plena sincronia e entram e saem do sistema a todo o tempo. Portanto é difícil dizer com certeza se um determinado ramo paralelo foi criado por falta de sincronia ou como consequência de um ataque.

Tendo agora uma imagem clara do que é um ataque à rede e como ele poderia beneficiar um minerador que desviar do protocolo de referência, podemos simplificar ainda mais nosso modelo a fim de se obter uma análise mais quantitativa do custo-benefício de tal ataque.

Primeiramente, vamos simplificar a história do blockchain. Ao invéz de considerar toda a árvore que define a história, vamos trabalhar com números inteiros que representem bem o ataque acima.

Primeiramente, seja n o número do bloco que o minerador desonesto gostaria de substituir (na Figura 8.2, temos $n = 2$). À medida que o tempo passa, os mineradores que seguem o protocolo de referência, produzem blocos no topo de B_n, tendo chegado a uma certa profundidade $m \geqslant n$. Também temos uma coleção de blocos sendo produzidos pelo minerador desonesto, que já chegou a uma profundidade $m' \geqslant n$, veja Figura 8.3.

Temos que analizar a dinâmica dos valores m e m'. Se em algum momento tivermos $m' > m$, o ataque será bem sucedido, como na Figura 8.2.

Simplificando ainda mais o problema, note que podemos simplesmente considerar a diferença $x = m - m'$, que evolui à medida que blocos são produzidos.

Denotamos por $p \in [0, 1]$ a proporção que o minerador desonesto possui

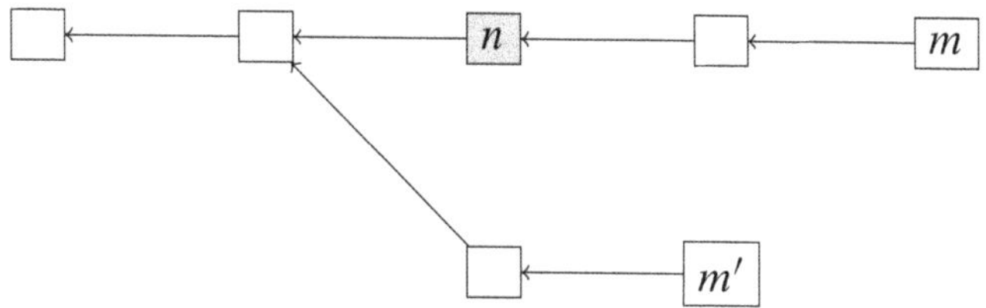

Figura 8.3: As constantes n, m e m' introduzidas na descrição das estratégias.

de poder computacional (capacidade de se produzir PoW) entre todos os mineradores da rede.

Observação 12. *Podemos também pensar que existe um conluio de mineradores tentando juntos realizar um ataque à rede e que p é a proporção de poder computacional de todo esse consócio.*

Dessa forma, sempre que um novo bloco é criado, ele pertence ao minerador desonesto com probabilidade p e ele pertence ao resto da rede com probabilidade $1-p$. No primeiro caso, a diferença $x = m - m'$ diminui e no outro caso ela aumenta. Isso nos motiva a definir o seguinte processo.

Definição 8.2.1. *Fixado $p \in [0,1]$ e $x_0 \in \mathbb{Z}$, definimos um passeio aleatório $\{X_n\}_{n \geq 0}$ (começando de x_0) como um processo em $\mathbb{Z}$ satisfazendo:*

$$\begin{aligned} &P[X_0 = x_o] = 1, \\ &P[X_{n+1} = x - 1 | X_n = x] = p \quad e \\ &P[X_{n+1} = x + 1 | X_n = x] = 1 - p. \end{aligned} \tag{8.10}$$

Veja Figura 8.4.

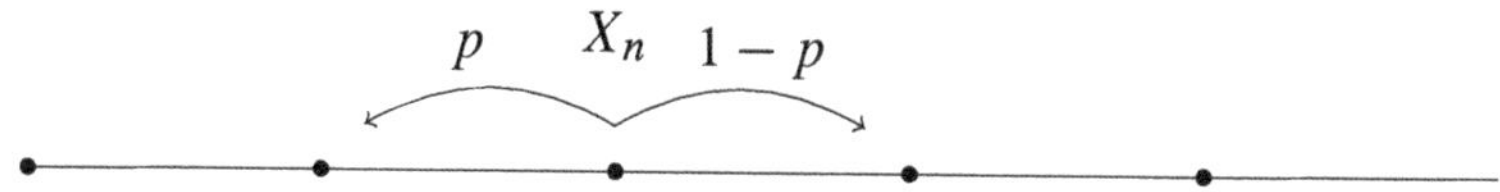

Figura 8.4: Ilustração de um passeio aleatório em $\mathbb{Z}$.

Não é difícil ver que as igualdades na definição acima definem completamente o comportamento do processo. Intuitivamente, um passeio aleatório salta para a esquerda com probabilidade p e para a direita com probabilidade $1-p$.

Observe que quando $p < 1/2$, o passeio tem uma tendência a ir para a direita mais forte do que ir para a esquerda. Isso mostra que $p < 1/2$ é uma hipótese natural para tentarmos mostrar que é difícil obter um ataque bem sucedido.

Se, pelo contrário, o minerador desonesto possuir 51% do poder computacional da rede, ele terá muita facilidade de realizar uma ataque de gasto duplicado. Isso é chamado "Ataque de 51%".

8.3 Passeios aleatórios em $\mathbb{Z}$

Nessa seção iremos assumir a hipótese $p < 1/2$ e estudar o comportamento de um passeio aleatório como aquale definido na seção anterior. Em particular, vamos ser capazes de estimar a probabilidade de que um ataque à rede seja bem sucedido.

Seja X_n um passeio aleatório como na Definição 8.2.1 com $x_0 > 0$ e $p < 1/2$. Gostaríamos de calcular probabilidade do tipo

$$P[X_n = 0, \text{ para algum } n \geqslant 0]. \tag{8.11}$$

Começaremos estudando o caso $x_0 = 1$, introduzindo a *probabilidade de recuar*:

$$r = P[X_n = 0, \text{ para algum } n \geqslant 0 | x_0 = 1]. \tag{8.12}$$

Esse caso particular tem uma propriedade bastante interessante que nos permite realizar cálculos exatos.

A probabilidade de, começando no ponto 1, em algum momento atingirmos o ponto zero é dividida em dois casos:

- ou saltamos diretamente para a esquerda logo no primeiro passo,
- ou saltamos para a direita e precisamos primeiramente retornar ao ponto 1 e depois novamente do 1 ao zero.

Para escrevermos isso de maneira formal, precisamos de um pouco de Teoria de Cadeias de Markov. Mas a intuição de fato corretamente nos diz que

$$r = p + (1 - p)r^2, \tag{8.13}$$

pois ou saltamos para a esquerda imediatamente (p), ou saltamos imediatamente para a direita ($1 - p$) e eventualmente recuamos duas vezes.

Essa equação possui duas soluções: $r = 1$ ou $r = p/(1 - p)$. Não vamos mostrar rigorosamente aqui, mas segue por exemplo da Lei dos Grandes Números que a solução correta (para o caso $p < 1/2$) é a segunda, ou seja:

$$P[X_n = 0, \text{ para algum } n \geqslant 0 | x_0 = 1] = \frac{p}{1 - p} \tag{8.14}$$

e mais geralmente para $x_0 > 0$,

$$P[X_n = 0, \text{ para algum } n \geqslant 0] = \left(\frac{p}{1-p}\right)^{x_0} \tag{8.15}$$

pode ser obtido iterando a probabilidade de recuar um passo por x_0 vezes.

O que isso quer dizer no contexto de blockchains? Essencialmente, se o minerador desonesto (ou o consócio desonesto) possui menos do que a metade do poder computacional da rede inteira, então a probabilidade de se reverter uma transação de profundidade k é exponencialmente pequena em k.

Portanto, supondo que todas as pessoas somente consideram uma transação aceita quando já existe um grande número de blocos acima dela, então não é interessante para o minerador desviar da estratégia referência.

Como calcular o número de blocos (também chamados confirmações) que devemos aguardar que sejam minerados no topo de uma transação antes de considerá-la definitiva? Isso é difícil de dizer exatamente, mas uma receita bastante simples seria considerar algo proporcional ao valor da transação sobre a recompensa que um minerador obtem ao produzir um bloco minerado com sucesso.

Não vamos entrar em muitos detalhes aqui, mas um outro incentivo grande que mineradores tem para não realizar grandes ataques no sistema é exatamente para não desvalorizar a moeda que eles estão obtendo. Nos casos em que moedas menores que o Bitcoin foram atacadas com sucesso, o preço da moeda caiu abruptamente na sequência de eventos.

9 Direções futuras

Vamos terminar as notas com alguns exemplos de possíveis problemas de pesquisa sobre o tema de consenso descentralizado.

9.1 Custo de manutenção

Um dos grandes problemas do algoritmo de PoW que descrevemos acima para se obter consenso descentralizado é o custo de manutenção da rede. Atualmente, somente o Bitcoin exige um consumo de eletricidade comparável a um país como o Equador, apenas no esforço de mineração.

Além do alto custo, esse tipo de mineração exige equipamento e mão de obra especializados, o que impede que pequenos grupos contribuam para a segurança da rede. Em última análise, isso faz com que a rede se torne mais e mais centralizada com o tempo.

Existem diversas propostas para aliviar esse problema, tais como: Proof of Stake, Delegated Proof of Stake ou Tangle. Todas essas tecnologias são consideravelmente mais complicadas de se implementar do que o Proof of Work que descrevemos nessas notas e exigem muita pesquisa para torná-las seguras e eficientes.

9.2 Escalabilidade

Um problema relacionado ao alto custo de manutenção da rede são as fortes limitações que essa arquitetura impôe. Por exemplo, sem uma modificação no algoritmo que propusemos o número de transações que podem ser processadas por segundo em nossa rede é bastante limitado. Portanto o custo em termos de tarifa cresce em proporção.

Para citar alguns métodos que tentam resolver esse problema de escalabilidade, temos: Lightning, Plasma, Plasma Cash, Sharding, Descentralized Proof of Stake, Tangle e outros.

9.3 Smart contracts

Até agora, nosso blockchain somente possui uma lista de saldos em seu estado. Isso pode ser útil para atividades financeiras simples, mas logo fica clara a necessidade de se manter um estado mais complexo e também de incluir transações mais interessantes em cada bloco.

Um grande passo foi feito pelo projeto Ethereum, permitindo que usuários mantenham máquinas virtuais dentro do estado. Essas máquinas podem ser atualizadas através de chamadas de funções que são incluídas nas transações.

Esse tipo de lógica permite uma enormidade de aplicações, tais como carteiras compartilhadas e a geração de outras moedas dentro do sistema. Enfim, podemos essencialmente re-programar a rede pelo lado de fora, depois que ela já foi iniciada, mudando assim seu comportamento.

Muita pesquisa ainda é feita nesse aspecto programável de blockchains.

9.4 Anonimidade

Algumas moedas descentralizadas usam técnicas sofisticadas de criptografia para tentar anonimizar seus usuários. Moedas tais como Monero e ZCash, usam uma ferramenta muito interessante de criptografia, chamada: Zero Knowledge Proofs. Desde então muita atenção e financiamento tem sido atraidos para essa área de pesquisa.

9.5 Identidade

Um outro problema complicado na maioria das aplicações de criptomoedas é a ausência de uma relação direta entre endereços e usuários.

No caso da plataforma Facebook por exemplo é perfeitamente possível criar duas ou mais contas para agirmos como se fôssemos outra pessoa. Porém, o Facebook mantém um sistema que tenta mitigar esse problema e podemos dizer que a relação entre contas e pessoas não é muito ruim.

No caso de moedas descentralizadas é possível que uma pessoa crie milhões de contas sob seu controle (os chamados ataques de Sybil). Isso impede diversos tipos de aplicações, como votações por exemplo. Votações em blockchain são frequentemente feitas com base no número de moedas que cada votante possui, o que alivia o efeito Sybil, mas claramente é mais próximo de uma Plutocracia do que uma Democracia.

É um grande desafio desenvolver uma maneira de melhorar a correspondência entre pessoas e endereços virtuais sem recorrer a um serviço centralizado.

9.6 Rede de computadores descentralizada

Finalmente, se as dificuldades acima (e umas tantas outras) forem mitigadas, teremos a possibilidade de utilizar a tecnologia de blockchains de uma maneira muito mais ambiciosa.

A princípio pode ser possível manter uma rede totalmente descentralizada e com características semelhante à atual internet, com informações, serviços, pagamentos, armazenamento de dados, segurança e privacidade.

Isso porém, mesmo que seja possível um dia, envolverá décadas de pesquisa.

Bibliografia

A. M. Antonopoulos (2014). *Mastering Bitcoin: Unlocking Digital Crypto-Currencies*. 1st. O'Reilly Media, Inc. (ver p. 4).

S. Nakamoto (2009). *Bitcoin: A peer-to-peer electronic cash system* (ver p. 4).

Títulos Publicados — 32º Colóquio Brasileiro de Matemática

Emergence of Chaotic Dynamics from Singularities – *Pablo G. Barrientos, Santiago Ibáñez, Alexandre A. Rodrigues e J. Ángel Rodríguez*

Nonlinear Dispersive Equations on Star Graphs – *Jaime Angulo Pava e Márcio Cavalcante de Melo*

Scale Calculus and M-Polyfolds An Introduction – *Joa Weber*

Real and Complex Gaussian Multiplicative Chaos – *Hubert Lacoin*

Rigidez em Grafos de Proteínas – *Carlile Lavor*

Gauge Theory in Higher Dimensions – *Daniel G. Fadel e Henrique N. Sá Earp*

Elementos da Teoria de Aprendizagem de Máquina Supervisionada – *Vladimir Pestov*

Función Gamma: Propriedades Clásicas e Introducción a su Dinâmica – *Pablo Diaz e Rafael Labarca*

Introdução à Criptografia com Curvas Elípticas – *Sally Andria, Rodrigo Gondim e Rodrigo Salomão*

O Teorema dos Quatro Vértices e sua Recíproca – *Mário Jorge Dias Carneiro e Ronaldo Alves Garcia*

Uma Introdução Matemática a Blockchains – *Augusto Teixeira*

www.ingramcontent.com/pod-product-compliance
Ingram Content Group UK Ltd.
Pitfield, Milton Keynes, MK11 3LW, UK
UKHW022012190726
13853UKWH00004B/1888